HEITUDI BAOHU LIYONG

黑土地保护利用

黑龙江省农业环境与耕地保护站　组编

马云桥　主编

中国农业出版社
北京

前 言
FOREWORD

全世界仅存有三大黑土带，分布在俄罗斯大平原、北美中部地区及中国东北地区。东北黑土区是我国重要的重工业基地、农林牧生产基地和能源基地，不仅对我国 50 年来的经济发展做出过巨大贡献，而且在我国未来的现代化建设中仍具有十分重要的战略地位。东北黑土区资源环境和农业具有明显的二重性特点，一方面资源类型全、总量大、生态环境相对良好、区域商品粮生产优势明显，东北黑土区多年粮食产量占东北地区粮食总产的 60% 以上，粮食商品率达 55%～60%，在我国粮食生产体系中起着"稳压器"和"调节器"的重要作用，在中国未来食物安全保障体系建设中具有举足轻重的地位。另一方面随着全球经济一体化的进程，我国农业已经面临自身粮食安全和国内外市场的双重挑战。从中长期的战略角度出发，我国应该在最具生产潜力和生态环境较好的东北地区，建立一个能够适应国内外农产品需求变化的、具有高效稳定生产能力的生产基地，为有效保证我国农产品安全和使我国在调节国际农产品市场余缺及其价格波动中占据主动地位做出应有贡献。

由于黑土耕地开发强度高、生产方式不尽合理、保护措施不够到位，黑土耕地出现不同程度退化、土壤有机质下降、耕作层变薄变硬、坡耕地水土流失等问题。党中央、国务院高度重视东北黑土地保护工作。2015 年中央 1 号文件提出：开展东北黑土地保护试点。同年，国家在东北四省区 17 个县（市、区、旗）启动了东北黑土地保护利用试点。2016 年 5 月，习近平同志在黑龙江考察时强调，要采取工程、农艺、生物等多种措施，调动农民积极性，共同把黑土地保护好、利用好。黑龙江省委、省政府把保护和利用黑土耕地资源，改善农业生态环境作为农业可持续发展的头等大事来抓，综合施策，精准发力，扎实推进藏粮于地、藏粮于技战略，逐步恢复和提高黑土耕地质量，实现黑土地永续利用，为维护国家粮食安全和生态安全提供坚实保障。

为了加强黑土地保护利用，黑龙江省农业环境与耕地保护站组织编写了《黑土地保护利用》一书。本书主要分为五大部分，分别是黑土地概况，黑土地保护利用目标、原则与路径，黑土地保护与提升技术，黑龙江省黑土保护区域技术模式和黑龙江省黑土保护区域技术模式典型案例。本书经过精心设计，细致打磨，理论结合实务，涉及范畴全面，内容深入又通俗易懂，旨在加强、优化黑土地的保护与利用。

目　录
CONTENTS

第一章

黑 土 地 概 况

土壤是一个国家最重要的自然资源，它是农业发展的物质基础，没有土壤就没有农业，也就没有人类赖以生存的基本原料。我国古书《说文解字》上对土壤的解释"土者，吐也，即吐生万物之意。壤，柔土也，不块曰壤。"

土壤的形成是一个复杂的物质与能量迁移和转化过程，是由母质因素、生物因素、气候因素、水文因素、地形因素、时间因素等六大成土因素相互作用的结果。土壤随成土因素、时间和人类活动而变化，从而形成多种多样的土壤类型（简称土类），并呈现出区域性土壤分布规律。如今，土壤已成为地球陆地生态系统的重要基础，全球土壤变化越来越影响着人类生存的条件。

全世界仅有三大黑土区，分别是东欧乌克兰大平原（黑土地面积约 190 万 km^2）、北美的密西西比平原（黑土地面积约 120 万 km^2）和中国的东北平原（黑土地面积约 108 万 km^2）。由于黑土地土质肥沃，这三大块黑土区均为所在国家重要的农业产品基地。

我国黑土区北起大兴安岭，南至辽宁省南部，西到内蒙古东部的大兴安岭山地边缘，东达乌苏里江和图们江，行政区域涉及辽宁、吉林、黑龙江以及内蒙古东部的部分地区。主要土壤类型除黑土外，还有黑钙土、草甸土、白浆土、暗棕壤、棕壤、水稻土等土壤类型。其中典型黑土区耕地面积 2.78 亿亩*，包括内蒙古自治区 0.25 亿亩，辽宁省 0.28 亿亩，吉林省 0.69 亿亩，黑龙江省 1.56 亿亩。

黑龙江省地处东北黑土区核心区域，土壤类型包括黑土、黑钙土、草甸土、白浆土、暗棕壤、水稻土、沼泽土、风沙土等 17 个土类，其中典型黑土

---

* 1 亩≈667m^2。

土壤类型有黑土、黑钙土、草甸土、白浆土、暗棕壤、水稻土等。典型黑土耕地面积 1.56 亿亩，占东北典型黑土区耕地面积的 56.1％，主要集中在松嫩平原和三江平原。黑土土类主要集中在哈尔滨南部，绥化、齐齐哈尔北部，黑河南部及佳木斯南部；草甸土土类主要集中在齐齐哈尔西部，大庆中南部，佳木斯、双鸭山北部和鹤岗东部；黑钙土土类主要分布在绥化西部和大庆北部；暗棕壤土类主要分布在黑河北部以及伊春、鸡西、七台河、牡丹江等地市；白浆土土类主要分布在三江平原东部的同江、抚远、虎林、密山、鸡东等县（市）；水稻土土类主要分布在松嫩平原哈尔滨、绥化市和三江平原佳木斯、牡丹江等市。

由于黑土耕地开发强度高、生产方式不尽合理、保护措施不到位等，在各黑土区开发垦殖过程中，都曾发生过严重的土地退化问题，如在 20 世纪 20 至 30 年代，由于过度毁草开荒、破坏地表植被，水土流失严重，乌克兰大平原和美国密西西比河流域，相继发生了破坏性极强的"黑风暴"。1928 年，"黑风暴"几乎席卷了整个乌克兰，一些地方的土层被毁坏了 5～12cm，最严重的达 20cm。相比国外，我国黑土地开发时间较短，开垦历史不过百余年，但开垦强度过大，土壤有机质下降，耕作层变薄变硬，坡耕地水土流失，退化危机也早已显现。

黑土地是大自然给予人类得天独厚的宝藏，一旦被破坏，恢复就非常困难。因此，黑土地的保护迫在眉睫。

第一节　黑　　土

在众多土壤类型中，黑土土类是世界公认的最肥沃的土壤。黑土是生成在温带湿润或半湿润地区草原化草甸植被下，具有均腐殖质积累和淋溶过程，且无石灰反应的黑色土壤。典型土体构型为 A - ABh - BhC - C，母质为黄土性黏土沉积物。均腐殖质层厚 30～60cm，有机质含量一般为 30～60g/kg，是一种性状好、肥力高，非常适合植物生长的土壤。黑土可以划分为黑土、草甸黑土、白浆化黑土和表潜黑土四个亚类。

一、分布概况

北纬 44°—49°，东经 125°—127°。主要分布于黑龙江和吉林省的中部，集中在松嫩平原的东北部，小兴安岭和长白山的山前波状起伏的台地或漫岗地，北自黑龙江省嫩江、北安，南至长春、公主岭一带，呈弧形分布。在黑龙江省东部地区的集贤、富锦、宝清、桦川、汤原、桦南、依兰等一带有分布。

二、成土条件

（一）气候

属于温带半湿润季风气候区，夏季时间短，温暖多雨，日照时间长，冬季严寒，土壤结冻时间长而日照时间短；平均温度 $0.5\sim6℃$，$\geqslant10℃$ 的有效积温 $2\,000\sim3\,000℃$，无霜期 $110\sim140d$，干燥度 $\leqslant1$，年降雨量为 $500\sim600mm$，雨量集中在 6—8 月或 7—9 月，夏季气温高，雨量充沛，有利于作物生长。春季多大风天气，土壤风蚀较重。

（二）地形

大部分是山前波状起伏的冲积洪积台地、阶地，俗称"漫川漫岗地"，是山区向平原过渡的一种过渡类型，北部、东部海拔约 360m，南部海拔约 150m。坡度多为 $2°\sim5°$，坡长可达 $500\sim1\,000m$，地面多起伏，坡面长，降雨多形成地表径流，易引起水土流失。

（三）母质

黑土的成土母质主要是第三纪、第四纪的沉积物，以洪积黄土状黏土为主，其上为黏土层，具有黄土性状，称为黄土状黏土。一般比较黏重，为中-重壤或轻黏土。母质吸水性强，透水性差，矿物组成主要是水云母及蒙脱石等黏土矿物，养分丰富，土壤及母质中的可溶性盐类和碳酸钙已被淋失，故发育成不含石灰的黑土。

（四）水文地质

地下水比较深，一般在 20m 以上，对黑土形成、发育影响不大。地下水矿化度不大，一般为 $0.3\sim0.7g/L$，水化学类型为 $HCO_3^- - SiO_3^{2-}$，黑土的水分主要来源为大气降水。

（五）植被

自然植被为草原化草甸植物，是由森林草甸向干燥的草原过渡的过渡类型。草本植物有黄花菜、马兰、报春花、苔草、大叶野豌豆、东风菜、狗尾草、柴胡、桔梗等，种类繁多，生长繁茂，每到夏秋季节，群花齐放，五花十色，亦称为"五花草塘"。其特点是生长繁茂，根系深，能给土壤提供大量的有机质，是黑土腐殖质的主要来源。木本植物主要有榛、柞、山杨、黑桦等，以灌木林为主，成片分布。

三、中心概念和边界定义

（一）中心概念

黑土是温带半湿润气候、森林草甸或草原草甸植被下发育的土壤。具有松软暗色表层、黏化淀积层，AB 层有明显的舌状向下过渡，微酸～中性，无石灰，盐基饱和度＞70％。

（二）边界定义

1. 与暗棕壤

暗棕壤属于温带湿润气候、淋溶强度大，B 层黏化明显，盐基饱和度＜黑土。

2. 与白浆土

白浆土 A 层下为 E，灰白色，pH 5.5～6.0，B 层黏化淀积明显，A 层薄，A 向 E 呈水平过渡。

3. 与黑钙土

黑钙土处于半干旱地区，土层内有 $CaCO_3$，pH 在 8 左右。

四、成土过程

（一）黑土的腐殖质积累过程

黑土的基本特征是腐殖质层深厚，为 30～70cm，有的深达 100cm 以上。腐殖质含量为 4％～10％，0～20cm 腐殖质含量高，向下逐渐降低。

在黑土地区的自然条件下，草甸、草原植物生长繁茂，生育期长，直到秋末冬初才枯死，大量植物残体留在地下或地表，这时由于气温降低，土壤开始冻结，微生物活动停止，植物残体来不及分解，待来年化冻后，土温逐渐增高，微生物开始活动，但由于土壤冻结造成上层滞水，土壤过湿，通气不良，有机质呈嫌气分解，分解速度慢，有利于形成腐殖质。黑土腐殖质的形成过程大于分解过程，因而使腐殖质逐渐积累起来，致使土色变成暗灰至黑色。这就是腐殖质层。

（二）物质的淋溶与淀积

黑土地区雨水充沛，在下渗水流作用下，土体内可溶性盐类及碳酸盐受到淋溶，故黑土通体无石灰反应，呈中性到微酸性。在淋溶和季节性过湿条件下，硅酸失水而成白色粉末状，淀积在下层的结构体表面。与此同时，黑土上层的黏粒受重力的作用也有下移现象，聚积在下层，故黑土质地下层一般均比上层黏重，有明显的淀积层，淀积层的盐基成分、黏粒、铁锰胶膜和二氧化硅粉末均有积累。

五、形态特征和基本性质

（一）剖面形态 A－AB－B－C

黑土一般均有三个基本层次：即"上有黑土帽，中有黑黄土腰，下有黄土底"。从颜色上看表层呈暗灰色至灰黑色，向下由灰转向黄棕。

1. 腐殖质层（黑土层）（A）

暗灰色至黑色，厚约 30～60cm，深厚黑土层可达 100cm，而破皮黄土仅有 10cm。腐殖质含量较高，一般为 4%～10%，荒地多，老耕地少，粒状到团粒状结构、疏松、多孔、多根。在荒地有 3～7cm 的草根层（As），在耕地上部为耕作层，其厚度因犁耕深度不同而不同，一般为 16～30cm，这层土色较深，呈灰褐色，耕作年代越久，色越深。在未打破犁底层的耕层下可见有坚硬、致密的犁底层，厚 10～15cm，这层有时可见到少量的 SiO_2 粉末，向下呈明显过渡。

2. 过渡层（AB）

厚度为 30～50cm，是黑土层与淀积层的过渡层，颜色较上层浅，黑黄混杂，腐殖质层呈舌状延伸参差不齐。核状及核粒状结构，结构体表面有 SiO_2 粉末，腐殖质胶膜，较紧实，向下过渡明显。

3. 淀积层（B）

厚 50～100cm，灰棕色，核块状结构，内部为棕色，外部为暗棕色，结构体较上层大，有灰色条纹和大量白色 SiO_2 粉末及铁锰胶膜质地黏重紧实，向下逐渐过渡。

4. 母质层（C）

暗棕色到黄棕色，核块状结构，结构体表面有条纹和斑块。

（二）基本性质

1. 物理性质

（1）土壤质地较黏重，一般为重壤或轻黏土，存在"上壤下粘"或"上粘下粘"的质地层次，下层略有黏化现象，黏粒由上向下移。

（2）有良好的粒状团粒状结构，黑土的有机无机复合体超过 50%，腐殖质以胡敏酸为主，有利于土壤结构的形成，稳定性强，荒地和新垦黑土的水稳性团粒较多，可达 20%。

（3）黑土的容重变动在 0.8～1.5g/cm³ 范围，荒地表层和耕层土壤容重较小，约在 1g/cm³ 左右，下层土壤，特别是淀积层和犁底层容重较高（＞1.3g/cm³），耕层的孔隙度可达 50%～60%，下层降至 45%～60%，毛管孔隙可占 30%～40%，通气孔隙一般为 10%～30%，说明黑土的持水性大而通气性差。

（4）黑土的水热状况。田间持水量一般为 25%～45%，饱和持水量为 50%～60%，随着地区、气候及地形的差异，除黑油砂和黑油土外，黑土春季冷浆，不发小苗。在低洼地因水偏多，地温低，有粉种可能。秋雨多时有秋涝、早霜。

2. 化学性质

（1）黑土保肥、供肥较好，腐殖质含量较高，一般在 3%～5%，多者可达 8%～10%。H/F＝1.5～2.5 代换容量较高，一般为 30～40me/100gT，代换性盐基以钙、镁为主，盐基饱和度可达 86%～92%。

（2）中性反应 pH 6.5～7.0；黑土养分储量丰富，全氮量 0.1%～0.6%，全磷量 0.1%～0.3%，全钾量高达 1%～3%，速效养分除钾较充足外，氮、磷都不能满足需要。此外，黑土的耕性较好，因其富含有机质，结构较好，耕作省劲，垡块易碎。

六、黑土的亚类

（一）黑土 A－AhB－Bsq－C

主要分布在波状起伏漫岗的中上部及平原地区，土壤水分较为适合，其剖面和基本性质如前述。局部侵蚀严重为黄黑土和破皮黄。

（二）草甸黑土 A－AhB－Bg－C

它是黑土与草甸土之间的过渡类型，多分布在黑土地区地形低平、地下水位稍高的地方，在三江平原有较大面积的分布，在漫岗地区黑土的岗坡下部也有分布，此处地势低平，土壤水分较多。自然植被是以杂草类为主的草甸植物，如喜湿性的大叶樟、细叶地榆等，草甸化过程较强烈。

草甸黑土的黑土层深厚，一般为 50～100cm，表层暗灰至灰黑色，腐殖质呈舌状下伸，腐殖质含量为 5%～10%，潜在肥力高，养分贮量高，但有效性差。团粒结构明显，全剖面无石灰反应，微酸性至中性反应，质地黏重，排水不良，土性冷浆，土壤下层有较多的铁结核和铁锈斑，干时可见白色的 SiO₂ 粉末和潜育斑。

（三）表潜黑土 Ah－ABg－Bg－C

它是黑土与沼泽土的过渡类型，多分布在岗坡处地势低洼的地方，因质地黏重，地表排水不良，滞水部位较高，在亚表层常有一个铁锈色层次，有些潜育化特征。

(四) 白浆化黑土 Ah‐A (E) ‐Bt‐C

它是黑土和白浆土的过渡类型，主要分布在黑土与白浆土相邻处，山区向平原过渡地带，它与黑土的区别在于腐殖质层的下部或中部有一个白浆化土层。

七、黑土利用及改良

(一) 黑土利用中存在的问题

水土流失严重；土壤肥力各因素之间不协调，用养结合不好；易受旱、涝、低温等自然灾害的威胁。

(二) 黑土的改良

加强农田基础建设，围绕田、土、水、路、林、电、技、管八个方面实施综合治理；建立一套保持和提高黑土肥力的耕作、轮作与施肥制度，建设稳产高产田，主要措施如下：

(1) 搞好农田基础建设，加强水土保持。

(2) 建立科学土壤耕作制。因地制宜实行深松耕与少免耕等保护性耕作，打破犁底层，加厚耕层。

(3) 改土培肥。实施秸秆还田、增施有机肥等技术措施，提升耕地土壤有机质，改善土壤结构。

第二节 黑 钙 土

一、分布概况

北纬 43°—48°，东经 119°—126°。以东北呼兰河为界，西到大兴安岭西侧，北至齐齐哈尔以北，南达西辽河南岸。黑钙土在黑龙江省主要分布在西部各县，如肇东、肇州、肇源、龙江、齐齐哈尔及大兴安岭。在松嫩平原地区，黑钙土常与盐碱土相间分布。

二、成土条件

(一) 气候

黑钙土地区的气温高于黑土区，雨量少，蒸发强烈，属于半湿润半干旱地区，年平均温度 4～5℃，≥10℃有效积温 2 800～3 000℃，无霜期 120～

155d，土壤冻结期 120～180d，冻土层深度 1.4～2.0m，年降水量 350～500mm，年蒸发量 800～900mm。

（二）地形

松嫩平原西部地势平缓，大兴安岭西侧为低山丘陵，地面海拔高 150～200m，相对高差约为 5～10m，低平原中部高差不到 5m。

（三）母质

成土母质在松嫩平原主要为第四季沉积物，一般在 30～50m，以冲积湖积物为主，风积物次之，表层多为黄土状沉积物，母质中大部分含有碳酸钙和镁。

（四）水文地质

松嫩平原大小河流较多，除嫩江外，北部乌裕尔河、双阳河均为无尾河，没有明显的河床，到下游常形成内涝闭流区。在嫩江以西地区，含水层是深厚的第四沙砾石层，地下水位在低地为 1～3m，平岗地上可深达 4～10m，矿化度大多小于 0.5g/L，重碳酸钙型水，水量较大。在安达、林甸一带，上层潜水埋藏在黄土状沉积物及其下细砂层中，在低地潜水埋藏深度为 1～3m，平岗地区局部为 4～7m，少数岗地可深达 10m，矿化度为 0.5～1g/L，局部可达 1～3g/L，属于重碳酸钙型或碳酸氢钠钙型水，水量少。

（五）植被

松嫩平原的黑钙土植被类型主要属于草甸草原。特点是植株矮小，生长不如黑土区茂盛，具有耐旱、耐盐的特征。主要分为两类：一类为针茅、兔毛蒿草原，以大针茅及兔毛蒿为主，还有稗草、野古草、断肠草、紫花苜蓿、防风和黄芪等。覆盖度 45%～70%，多长在平岗地上部；另一类为碱草草原，以碱草为主，并有少量的寸草苔、山黧豆等植物伴生，覆盖度为 50%～60%，多生长在平坦地区。

三、黑钙土中心概念和边界定义

（一）中心概念

黑钙土是温带半湿润半干旱气候、草甸草原植被下发育的土壤。具有松软表层、下部具有石灰淀积层，pH 7.5～8.0，盐基饱和度>90%，含少量盐碱。剖面构型：Ah - AhB - Bk - C。

（二）边界定义

1. 与黑土的区别

黑土气候属于半湿润区，土体内无石灰反应，遭到淋溶，有机质高于黑钙土，厚度也较厚，pH 微酸-中性。

2. 与栗钙土区别

栗钙土处于半干旱地区，降水更少，蒸发强烈，有机质含量低于 2％，呈栗色，石灰反应层位高于黑钙土，一般表层即有石灰反应，pH 在 8 以上。

四、成土过程

（一）腐殖质积累过程

黑钙土地区由于气候自东向西由半湿润向半干旱过渡，雨量较少，土壤水分不足，植物根系分布较深，根量较少，但根系仍主要集中在表层，25cm 以下则下降到 1％，有机质积累不及黑土，因土壤水热条件有利于有机质的转化，黑钙土的腐殖质层只有 30cm 左右，土壤向下呈舌状下伸到 1m 以下。

（二）钙质的聚积过程（碳酸盐的淋溶与淀积）

土壤中碳酸盐的移动和聚积是黑钙土区别于黑土的主要特征，由于气候较干旱，雨量较少，降水只能淋洗易溶性的氯、硫、钠、钾等盐类，而钙、镁等盐类只能部分淋溶，部分仍残留在土中。土壤胶体表面和土壤溶液多为钙或镁的饱和，而使土壤呈中性至碱性，土壤表层的钙离子可与植物残体分解产生的碳酸结合，形成重碳酸钙，向下移动，在下移过程中，由于土粒的吸收和蒸发等作用变干时，生物活动减弱，CO_2 分压降低，以碳酸钙的形式淀积于土层下部，形成白色假菌丝斑状或结核状碳酸钙聚积层。在冬季地表冻结以后，土壤水以水汽形式自下层向上层移动，下层的重碳酸盐亦可由于水分的减少溶度增大而淀积下来，随着气候干旱程度的变化，钙积层深度也不同，降水愈少，愈干旱，淋溶愈弱，钙积层的部位愈高。

五、形态特征及基本性质

（一）形态特征

1. 腐殖质层（A）

呈暗灰色或棕灰色，总的来说比黑土浅，一般厚度约 30～50cm，具有粒状、团粒状结构。表层无石灰反应。

2. 过渡层（AB）

厚 30～40cm，灰棕色过渡层，小团块状结构，具有腐殖质舌状过渡。有石灰反应。

3. 钙积层（Bk）

多出现于 50～90cm，不同类型的黑钙土，此层部位也不同，碳酸钙淀积的形态多呈白色、棕白色的菌丝状、斑状或结核状，不紧实。强石灰反应。

4. 母质层（C）

因母质的成因类型不同，有明显的差异，一般为黄土状物质，有石灰聚积。

（二）基本性质

1. 黑钙土一般为轻壤至中壤

黏粒在心土层一般高于表土和底土层。耕性较好。

2. 黑钙土的腐殖质层较厚

多在 30～50cm，有机质在表层最高，一般为 3％～4％，由东向西腐殖质层逐渐变薄，含量逐渐减少。

3. 黑钙土的氮钾素含量较丰富

磷、钾含量略低，由于土温较高，微生物活动旺盛，土壤中速效养分仍较高，黑钙土的肥力虽不及黑土，但仍是一种潜在肥力较高的土壤。微量元素 Fe、Mn、Zn 较少，有时出现缺素症。

4. 表层代换容量较高

在 20～40me/100g 土，多数在 30～40me/100g 土，盐基饱和度一般在 90％以上，以钙和镁为主表层呈中性到微碱性，向下逐渐变碱。结构性较好。

5. 具有轻度盐积化特征

在地形低平地区，土壤中有少量可溶性盐分，具有轻度盐积化特征。由于气候条件的差异，导致有机质层厚度和含量由东向西、自北向南明显的变薄、变少，而钙积层出现的部分位置含量则增加。

六、黑钙土的亚类

（一）淋溶黑钙土 A－AB－B－Ck

淋溶黑钙土分布于大兴安岭中南段两侧山麓及三河地区，介于山地森林与平地的过渡地带，气候是介于半湿润与半干旱地区的过渡带内，生长草原化草甸植物，如兔子毛蒿、紫菀、紫胡、狗茅、羊草、地榆、白蒿等。地形为坡积平原；成土母质为湖积冲积物或岩石风化物，质地较粗，利于渗水淋溶，故土层中淋溶作用较强，碳酸盐淋洗至 1m 以下土层中聚积。

1. 剖面特征

腐殖质层（A），暗灰色，厚度约 20cm；20～40cm 为过渡层（AB），暗棕灰色；40～105cm 为淀积层（B），黄棕色，以上各层均无石灰反应，呈微酸性反应；150～180cm 为钙积层（Bk），有较强的石灰反应，有时有假菌丝体或眼状斑；再下为黄土状沉积物或岩石风化物母质 C。

2. 理化性质

（1）质地轻，为轻壤至中壤土，由上向下物理性黏粒逐渐减少。

（2）有机质和养分含量较少，表层有机质为 2%，荒地表土（0～20cm），腐殖质可达 5%～8%。土壤是微酸性至中性反应，在 1～1.5m 的土层不含石灰，pH 下层高于上层，盐基下层多于上层，盐基饱和度 90%，下层有白色硅酸粉末和铁子。

（二）黑钙土（亦称普通黑钙土，典型黑钙土）

黑钙土分布于大兴安岭中南段东西两侧草原地区，北自甘南，南至吉林省白城一带，呈狭长带状分布，在松嫩平原的平岗上也有零星分布，其剖面特征，理化性质如前所述。

（三）碳酸盐黑钙土（石灰性黑钙土）A - ABk - Bk - Ck

碳酸盐黑钙土分布在松嫩平原的西南部，面积较小，由于气候较干旱，自然植被生长较差，在荒地上可见大针茅和西伯利亚蒿等植被。植被高度为 20～25cm，覆盖率只有 40%，腐殖质积累过程弱，腐殖质层厚度较黑钙土薄，只有 20cm 左右。淋溶过程难以进行，故自表层即有碳酸钙存在，向下石灰聚积更为明显，多呈假菌丝体，全剖面都有石灰反应，土壤质地较轻，为中壤土，结构不明显，风蚀严重。

1. 腐殖质层（A）

均较其他黑钙土薄，为 20～30cm，腐殖质含量低于 4%，呈暗灰或灰棕色，有石灰反应，一般无石灰新生体。

2. 过渡层（ABk）

浅灰或棕色，厚度 40～50cm，有大量假菌丝体，强石灰反应，向下呈舌状过渡。

3. 钙积层（Bk）

棕色，厚度 50～70cm，有大量假丝体，强石灰反应，向下逐渐过渡。

4. 母质层（Ck）

棕色，约在 150cm 以下，石灰反应较上层弱，无假菌丝体。

（四）草甸黑钙土 A‐AB‐Bkg‐Ckg

草甸黑钙土在松嫩平原中部、北部的冲积、湖积平原黑钙土地带的低平地形部位及大兴安岭东西两侧的草原分布很普遍。由于地形低平，土壤质地黏重和季节性冻层的存在，土壤水分丰富，在黑钙土形成过程中伴随草甸化过程，腐殖质层较厚，一般为40～60cm，腐殖质积累较多，下钙积层，自表层或下部起有石灰反应，土层中有多量锈斑和铁锰结核。

从各类型的黑钙土与黑土具有不同的特征看出，黑土与黑钙土的分布有明显的地带性，我省东部湿润、西部干旱，随着气候的变化，植被和土壤都呈规律的演替，自东向西植被分布的规律是：草原化草甸—草甸草原—草原。与此相应的土壤分布规律是黑土—草甸黑土—草甸黑钙土—淋溶黑钙土—普通黑钙土—碳酸盐黑钙土。

七、黑钙土的利用与改良

（一）黑钙土利用中存在的问题

（1）气候干燥，十年九旱，春风大，风蚀严重。

（2）土壤含石灰多，板结。

（3）低地有盐渍化现象，不保苗，易烧苗。

（二）黑钙土的利用与改良

（1）因土种植。黑钙土适合种玉米、高粱、谷子、甜菜、向日葵。既能抗旱，又耐盐碱，不适合种大豆，种豆易得线虫病，有灌水条件的地方可种水田。

（2）加强抗旱保墒。春季干旱，墒情差，易返盐，不易保苗，应加强耕作保墒，实行秋季秸秆翻埋还田，秋整地，防止跑墒。也可因地制宜实施少免耕；实施坐水种补墒技术措施。

（3）合理施肥。因土性热潮，应施冷性肥料，施磷肥效果好。

（4）造林护田，防止干旱。

第三节　草　甸　土

一、分布概况

主要分布在东北平原、内蒙古及西北地区的河谷平原或湖盆地区。黑龙江省草甸土主要分布于三江平原和松嫩平原中排水不畅的低平原，漫岗缓坡的下部或岗上局部低洼部位，河流两岸的低洼地，沟谷水线两侧和开阔的低平地形部分。

二、成土条件

(一) 气候

草甸土分布广泛，因各地气候不尽相同，能影响植被生长状况，从而也影响草甸土腐殖质的累积情况，在北部、东部寒冷湿润半湿润地区，腐殖质的累积量就比西部、南部干燥温暖地区要多，腐殖质层较厚。

(二) 地形

草甸土分布的地形总的地势较低，是广大地区地下水和地表水汇集的地方，其特点是比较平坦，径流弱，排水不畅，土壤水分较多。

(三) 母质

草甸土的母质是多种多样的，以淤积物为主，也有少数是洪积物，母质的质地从粗砂到黏土都有，营养物质丰富，为草甸土的肥力提供了物质基础。西部有碳酸盐反应，东北部母质无碳酸盐反应。

(四) 水文地质

地下水多为淡水，矿化度大多是 < 0.5g/L，水文类型是重碳酸钙型水，地下水埋藏深度一般为 1~3m，在植物生长季节里，地下水可沿毛细管不断上升到地表，使土壤保持湿润状态。

(五) 植被

草甸土的自然植被，沿江河和山间谷地，以小叶樟、苔草和沼柳等草甸植被为主；在草甸草原的石灰性草甸土上有羊草、狼尾草、红眼巴和鸢尾等；在局部低洼的潜育化草甸土上，生长喜温植物，如野稗草、三棱草和芦苇等。这些植物都较茂盛，遗留给土壤的有机质较为丰富，分解后释放出的矿质养分也多，为作物生长创造了良好的条件。

三、中心概念及边界定义

(一) 中心概念

受地下水浸润，在草甸植被下发育的土壤，是半水成土壤。表层有机质积累层厚、含量高，下层有铁锈斑，是潴育化的结果。剖面形态为 Ah - Bg - Cg 或 Ah - Cg。

(二) 边界定义

与沼泽土区别：草甸土表层为腐殖质层，沼泽土为泥炭土，下层沼泽土为潜育层。

四、成土过程

(一) 土壤有机质大量积累

因草甸植物生长繁茂，根系密布，且集中在上层，有机质积累多，土壤富含钙、钾，形成的胡敏酸盐有助于团粒结构的形成。

(二) 有季节性的潜育化过程

因地势低，地下水位高，地下水直接湿润土壤下层，能沿毛细管上升至土壤上层，随着季节干湿度变化，地下水也随之升降，变幅在 1～3m，雨季可能更高，近于地表，有时与地表积水连通一气，使土壤氧化还原过程交替进行，铁锰化合物，在氧化状态时能沉淀，形成铁锰锈斑和结核，呈现轻度潜育化现象。

草甸土开垦后，由于有机质大量分解和团粒结核破坏，土性变板，发朽，称为黑糗土。

五、形态特征和基本性质

(一) 形态特征

草甸土一般可由腐殖质层（A）和有潜育化作用的母质层（Cg）组成。

1. 腐殖质层（A）

暗灰色，腐殖质多，厚度一般为 20～50cm，有的可达 1m，荒地表层多草根，有厚约 10cm 的草根层，腐殖质层湿时油亮发黑，干时带灰色，团粒结构明显，矿质养分丰富。腐殖质层呈水平状向下过渡。

2. 具有潜育作用的母质层（Cg）

颜色较上层浅，棕色或黄棕色，有的土色随着沉积层次特点而变，厚度 5～150cm 不等，直到地下水面，有明显的锈色斑纹及铁锰结核，有的土壤底部有铁盘层，干时可见白色 SiO_2 粉末，质地不一致，依沉积物性质而定，一般沉积层次明显。

草甸土 B 层不明显，有时只能看到 AB、AC 和 BC 等过渡层。

(二) 基本性质

1. 有机质含量高

一般为 5%～6%，多者可达 10%。腐殖质主要分布在表层，向下急剧减少，组成以胡敏酸为主，胡/富比值在 2 左右。

2. 土壤营养丰富，但有效性差

氮、磷、钾含量均较高，潜在肥力高，但由于土壤水多，温度低，微生物活动差，养分转化慢，常在苗期养分供给不足，发锈，明显缺磷。伏后地温上升，养分释放加快，作物生长茂盛，易造成徒长，贪青晚熟。

3. 理化性较好

团粒结构发达，一般呈中性反应，代换容量高，可达 20～40me/100g 土，盐基饱和度高达 80%～90%，阳离子组成以 Ca、Mg 为主，保肥能力强。

4. 耕性不良

垦后 3～4 年以后，有机质大量分解，团粒结构破坏，显示黏朽，湿时泥泞，干时很硬，耕作费力，质量差，干时出大堡块，宜耕期短。

六、草甸土亚类

（一）草甸土

主要分布在黑龙江省的东部、北部及中部的平原、河谷低地，为三江平原及兴凯平原、松嫩平原的东部，大小河流的沟谷低平地形部位上。

腐殖质层（A）厚 25～90cm，灰色至暗棕色，团粒结构明显。往下过渡层（AB），颜色逐渐变浅，中粒状结构。过渡层下的淀积层（BC）有铁锈斑和小铁锰结核。母质层（Cg），呈黄棕色，多锈斑，并有 SiO_2 常积水，通气不良，呈还原态，根系很少。全剖面无石灰反应，微酸性至中性反应，pH 6.5 左右，腐殖质含量为 5%～10%，一般无可溶性盐类，耕地表层土质黏重，透水差，有黏朽性。

（二）石灰性草甸土

主要分布在黑龙江省西部黑钙土和盐碱土地区，东部集贤、宝清一带也有分布。主要特点是全剖面有石灰反应，并有少量可溶性盐分。它是在草甸化过程中伴随有钙积化过程而形成的。

1. 剖面构型（A - BCk - Ckg）

腐殖质层（A），过渡层（AB 及 Bk），母质层（Ckg）。西部黑土层一般较薄，该层为 25～30cm，黑土层之下有石灰沉积的新生体（石灰结核）；东部地区这种土壤的黑土层较厚，与一般草甸土相似。

2. 性质

一般呈碱性，pH7.5～8.5，地下水含盐量较高，土壤中有少量的盐分。

（三）盐碱化草甸土

东北地区均有分布。盐碱化草甸土常与盐碱土插花分布，在黑龙江省西部地区较多，零星分布在低平地形部位，俗称轻碱地或狗肉地；东部三江平原亦有分布。盐碱化草甸土是地下水含可溶性盐分沿毛管上升到上部土层，使表层积累一定数量盐分（约0.5%），盐碱化草甸土是草甸化与盐碱化过程综合作用的结果。

1. 盐化草甸土剖面（Ahz-BCk-Cgk）

剖面特征类似草甸土，旱时地表返盐霜，通体有盐酸泡沫反应，下部有锈斑或潜育斑，代换性阳离子以钙、镁为主，代换性钠较多，有碱化特征，土壤碱化度约为4%，A层20～30cm，土壤碱化度最高可到20%～30%，可溶性盐主要是碳酸氢钠，呈碱性反应，pH7.8～8.5。

2. 碱化草甸土剖面（Ahz-BCnk-Cgk）

（四）沼泽化草甸土（潜育草甸土）A-BCs-G

分布于草甸土中更低的地形部位，自然植被以小叶樟、苔草为主，地下水位较高（1～1.5m），地表排水不好，土壤经常处于过湿状态。土壤中除进行草甸化过程外，还进行潜育化过程，有明显的潜育特征，底部有潜育层。

荒地地表有泥炭化粗有机质层（At），分解度较差，腐殖质层（A）厚约60cm，多者达90～100cm，腐殖质层以下有明显潜育化特征（Ag），多锈斑，铁结核较少，下部有灰蓝色或灰绿色潜育斑块，母质中可见有潜育层（CG）。土壤有机质积累多，表层腐殖质可达80%左右。养分含量也多，但有效养分释放很慢，缺磷。土质黏重，透水性差，有上层滞水，经常湿度过大，下部受地下水浸渍的影响，铁质还原作用明显，对植物生长不利，应采取排水措施，方可开垦利用。

（五）白浆化草甸土 A-A（E）-Bg-Cg

主要分布在佳木斯、牡丹江、鸡西等市，除有草甸土的成土过程外，还有白浆化过程，形成不明显的白浆层。

剖面形态为腐殖质层（A），白浆化过渡层（AE），潜育化斑纹层（Bg），母质层（Cg）。因腐殖质层较薄，潜在肥力均不及草甸土，土质冷浆黏重，排水不畅，易受涝害，作物贪青晚熟，遭早霜威胁，应解决排水问题，要适当深耕，防止白浆化土层反上来，多施有机肥，种植绿肥，加速土壤熟化。

七、草甸土利用与改良

由于草甸土潜在肥力高，单产基数低，土壤改良效果十分显著，增产幅度大，可以成倍地增长。

（1）挖沟排水，修筑条田，高台垄作，潜育草甸。

（2）深翻深松，解决土湿土朽、冷浆、土硬和活土层浅薄等不良性状。

（3）掺砂改土（草甸土亚类）。

（4）实施秸秆翻埋还田、施用有机肥。

（5）发展水田，适时轮种，及时铲趟。

第四节　暗　棕　壤

一、分布概况

暗棕壤是黑龙江省山区中面积最大的土类，主要分布在小兴安岭和由完达山、张广才岭及老爷岭组成的东部山地，另外，大兴安岭东坡亦有一定面积分布，地理范围大致北起黑龙口，南到镜泊湖，东自乌苏里江，西到大兴安岭，本土壤类型垂直分布，在大兴安岭东坡分布于600m以下，在小兴安岭分布于800m以下，在东部山地分布于900m以下。

二、成土条件

（一）气候

属温带湿润季风气候，冬季气候寒冷干燥，寒冷期较长，夏季降雨集中，气候温暖湿润，年平均气温－2～5℃，极端最低温度－48.2℃，冻层深度1～3m，≥10℃的有效积温为2 000～2 800℃，年平均降雨量500～700mm，无霜期115～135d。

（二）地形

大兴安岭东南坡主要为低山、丘陵，海拔300～600m，山势缓坦，河谷开阔；小兴安岭山势较低，海拔400～800m，外貌较为和缓，分水岭呈波状起伏，河谷宽长；张广才岭主干为浅切中山，海拔1 000m，但暗棕壤分布在800m以下的山体上，山体坡度较陡（10°～25°）。张广才岭东西山麓及余脉、完达山、老爷岭为低山、丘陵，海拔400～700m，山势较平缓。

（三）母质

多为花岗岩风化的残积物、坡积物或残积物—坡积物。

（四）植被

暗棕壤上的原地带性顶极群落为山地温带针阔混交林，小兴安岭和东部山地则以红松占优势的针阔混交林，又称阔叶红松林为主，大兴安岭以落叶松为主的针阔混交林中共有植物 2 000 多种，针叶树种主要以红松为主，其次为鱼鳞松、红皮立杉、兴安落叶松和河松。阔叶树种有枫桦、白桦、黑桦、紫椴、山杨、水曲柳和春榆等，林下灌木种类丰富，有毛榛子、刺五加和山梅花等。

三、中心概念和边界定义

（一）中心概念

暗棕壤是在温带湿润气候和针阔叶混交林植被下发育的土类。其剖面构型为 O－A－AhB－Bt－C 的土壤。全剖面呈中性到微酸性反应，盐基饱和度 60％～80％，剖面中部的黏粒和铁、锰含量均高于其上、下两层，表层发展腐殖质含量较高，达 10％～20％。

（二）边界定义

1. 与棕色针叶林土

该土酸性淋溶比暗棕壤强。因此，暗棕壤剖面中的灰化现象较弱。

2. 与白浆土

白浆土在剖面上有明显的白浆层和典型的淀积层。

四、成土过程

暗棕壤的成土过程包括腐殖质的积累；盐基和黏粒淋溶过程；隐灰化过程。

五、形态特征和基本性质

（一）剖面形态 O－A－AhB－Bt－C

O 层：4～5cm，植物残体，内部有较多的菌丝体。

A 层：10～20cm，灰棕色，粒状或团块状结构，根系较多有蚯蚓聚居。

AhB 层：灰棕色，较为紧实，厚度随发育程度不同而异。

Bt 层：30～40cm，棕色，核状或块状结构表面有不明显的铁锰胶膜，质地黏重。

C 层：棕色母质。

（二）基本性质

（1）表层有机质含量较高，为 5％～10％，高的达到 20％，由表向下锐减，表层 H/F>1.5，向下降低。

（2）土壤阳离子交换量 25～35mol/kg，pH5～6，盐基饱和度 60％～80％，以表层最高，向下锐减。

（3）铁和黏粒有明显的移动过程，而铝移动不明显。

（4）终年处于湿润状态，表层含水量高，由表向下急剧降低，土壤温度低。

（5）质地大多为壤质。

六、暗棕壤的亚类

根据发生学特点、诊断学特征，暗棕壤可分为典型暗棕壤、草甸暗棕壤、白浆化暗棕壤、潜育化暗棕壤和灰化暗棕壤五个亚类。

（一）暗棕壤

暗棕壤亚类是暗棕壤土类中面积最大和最有代表性的典型亚类。腐殖质层较厚，颜色深暗。

（二）草甸暗棕壤 A - B - Bg - Cg

草甸暗棕壤亚类所处地势平缓，母质黏重，植被多为阔叶林和草甸植物。主要特征是有草根盘结层和较深厚的腐殖质层，淀积层因水化呈黄棕色，下部出现铁锰结核和不太明显的锈斑。

（三）白浆化暗棕壤 O - A - AE - Bts - C

白浆化暗棕壤亚类是暗棕壤向白浆土过渡的类型，母质多为洪积、残积和洪积残积物。主要特征是在腐殖质层下存在明显的黄色或乳白色的白浆化层。

（四）潜育化暗棕壤 A - Btg - G - C

潜育化暗棕壤亚类一般分布在河谷的高阶地低平处、山前台地，以及山坡下部或平缓山坡中排水不良地段。下层有明显的潜育化现象，现灰斑和锈斑块。

（五）灰化暗棕壤 O - A - E - Bhs - C

灰化暗棕壤亚类多分布在海拔较高的山地或灰分元素较贫乏的沙性母质上。主要特征是土壤亚表层有不太明显的灰白色的灰化层。

七、暗棕壤的利用与改良

合理采伐，保护森林资源；抚育更新，因地制宜造林；因地制宜地发展多种经营；农业区要加强农田基础建设，开展水土流失治理和地力培肥，提高坡耕地综合生产能力。

第五节 白 浆 土

一、分布概况

主要分布在黑龙江和吉林两省的东北部，大兴安岭东坡也有分布，垂直分布高度，最低为海拔 40~50m 的三江平原，最高在长白山 700~900m。

二、成土条件

（一）气候

较湿润，年均气温 -1.6~3.5℃，有效积温 2 000~2 800℃，年降雨量 500~700mm，无霜期 87~154d。

（二）地形

从丘陵漫岗至低平原均有，地形类型主要有低平原、山间盆地及山前洪积台地，地表起伏甚微，坡度不大。岗地地下水位 8~10m，平原 2~3m，地下水对白浆土的形成和发育影响不大。

（三）母质

第四纪河湖黏土沉积物，质地黏重，一般为轻黏土，有的可达中-重黏土。

（四）植被

有柞树为主的杂木林；山杨、白桦为主的次生林；丛桦或沼柳为主的灌木林；杂草类有小叶樟-苔草群落等。

三、中心概念和边界定义

（一）中心概念

在温带半湿润及湿润气候条件下，经过白浆化等成土过程的作用而形成。具有暗色腐殖质表层、灰白色的亚表层-白浆层及暗棕色的黏化淀积层。其剖面构型为 O - Ah - E - Bt - C。白浆土与草甸白浆土的白浆层含有大小不等的铁锰结核，潜育白浆土则有锈斑和潜育层。

（二）边界定义

1. 与白浆化暗棕壤的区别

在暗棕壤的形成过程中伴有白浆化。剖面构型为 A - AE - Bt - C。

2. 与白浆化黑土的区别

是在黑土的形成过程下伴有白浆化过程所形成。剖面构型为 A - AE - Bs - C。

3. 与白浆化草甸土的区别

除具有草甸土的共同特征外，还伴有白浆化的成土过程。剖面构型为 A - AE - Bg - Cg。

四、成土过程

白浆土成土过程包括潴育淋溶过程；黏粒机械淋溶过程；草甸过程。

五、形态特征和基本性质

（一）剖面形态：A - E - Bt - C

A 层：10～20cm，暗灰色，中-重壤，粒状或团块状结构，疏松，根系有 80%～90% 集中在这一层。荒地有 A0 层（草根层）。

E 层：厚 20cm 左右，灰白色，湿时为草黄色，雨后常会流出白浆，以粉沙为主质地中-重壤，水平层理的片状结构，有较多白色 SiO_2 粉末，紧实。有机质含量低，<1%。

Bt 层：120～160cm，棕褐色至暗褐色，棱柱状或棱块状结构，结构体表面有明显的机械淋溶淀积的黏土膜和白色 SiO_2 粉末。少量铁、锰结核，质地黏重，轻黏至中黏土，少量为重黏土。

C 层：通常在 2m 以下，质地黏重，为第四纪河湖黏土沉积物，棕色或黄棕色。

（二）基本性质

1. 物理性质

（1）机械组成。以粗粉沙和黏粒为最多。质地较黏重。

（2）水分物理性质。白浆土水分多集中在 Bt 层以上。

2. 化学性质

（1）有机质含量及组成。荒地 A 层有机质可达 6%～10%，开垦后三年迅速下降至 3%。以胡敏酸为主，H/F>1，白浆层和淀积层 H/F<1。

（2）pH 及代换性能。A 层呈微酸性，少数呈酸性或中性。白浆层和淀积层以中性居多，代换性能以 A 和 B 层以下比较高，E 层较低。阳离子以钙、镁为主，有少量钠、钾，盐基饱和度 70%～90%。

（3）养分状况。N、P 分配规律 Ah>E>Bt，K 分配规律 E>Bt>Ah。

3. 矿物组成

以水云母为主,伴有少量高岭石、蒙脱石和绿泥石。硅铁铝率是上层大下层小。而黏粒的化学组成在剖面上、下无显著差异。

六、白浆土的亚类

(一) 白浆土

又称岗地白浆土。典型淋溶土,分布在地势起伏的漫岗地上。地下水位在20～30m,植被多为柞树、桦树、椴树和山杨等,剖面有铁锰结核而无锈斑。

(二) 草甸白浆化土

又称平地白浆土。分布在平坦地形部位,植被多为丛桦、水冬瓜和柳毛子等灌木丛及小叶樟等草甸杂草类,地下水位在3～5m以下,淀积层可见到铁锰锈斑。

(三) 潜育白浆土

又称低地白浆土。分布在低平地形部位,雨后地表有积水,地下水位在2～3m。植被为小叶樟、柳毛子和三棱草等草甸沼泽植物,淀积层可见到铁锰锈斑。

七、白浆土的利用与改良

(一) 白浆土低产原因

耕层构造不良;养分总贮量不高,分布不均;水分物理性质差。

(二) 白浆土的改良

深松深耕深施肥;秸秆还田;施用有机肥;施用石灰;种稻改良;水土保持和排水。

第六节　水　稻　土

一、分布概况

水稻土在黑龙江省主要分布在哈尔滨、牡丹江、佳木斯、绥化等地区。

二、成土条件

水稻土是指在长期淹水种稻条件下,受到人为活动和自然成土因素的双重作用,而产生水耕熟化和氧化与还原交替,以及物质的淋溶、淀积,形成特有剖面特征的土壤。

（一）人为因素

种植水稻过程中，淹水，泡水耕作，排水晒田，施肥，平整田面等人为操作下形成的一种土壤。水稻土的形成，人为因素起主导作用。

（二）生物因素

1. 水稻作用

水稻生长，根系不深，对水田有机质积累作用不大，但根系分泌氧能力强，在根系附近造成氧化环境，使还原物质氧化成氧化态物质，供给水稻所需各种氧化态养分；水稻根附近是好气条件，好气微生物活动利用嫌气过程的产物，不断消耗耕作层中还原物质推动了土体内嫌气过程的发展。这样水稻能促进物质交换，提高了水稻土的营养水平。根周围生长大量锈斑。

2. 微生物作用

水稻生长期间，长期处于水淹状态，耕作层最上层是氧化层，以好气性微生物活动为主，其下的耕作层以嫌气微生物活动为主，在耕作层有机质分解时又消耗一部分氧气，使嫌气微生物活动加强，使土壤中氧化还原状态进一步加强，使土壤中高价铁和锰变成低价铁和锰，随水下渗淋洗到氧化层中重新沉积，形成锈斑和铁锰结核。

（三）自然因素

水稻土的形成，也受母土地区自然条件的影响，首先是地形、地下水的影响。地势高的水稻田，不受地下水影响，需灌水种稻；当低阶地或低平地时，地下水位高，淹水种稻时，地下水参与了水稻土的形成。其次是旱作时母土的机械组成、养分状况、物理及化学性质对水稻土都有深刻影响。

三、成土过程

（一）腐殖质的形成与分解

胡/富比值高于母土，长期淹水，有利于腐殖质积累，含量高于母土，富里酸增加。

（二）氧化还原过程

水稻土在淹水期间处于还原状态，氧化还原电位（Eh）在 $100\sim200mV$，其余时间处于氧化状态，Eh 达 $400\sim650mV$，在秋后冬季又处于长期冻结时期，此时氧化还原基本处于停止时期。在同一剖面不同层次的氧化还原状况也是不同的，耕作层处于饱和状态，其中，耕层最上面极薄棕色氧化层 EH 在 $300\sim650mV$ 以下，下层有一定孔隙处于弱的氧化状态。

（三）水分下渗黏粒移动和元素的迁移

在淹水期，黏粒、低价铁和低价锰随下渗水流向下移动，低价铁和锰，在氧化环境氧化淀积下层。

四、水稻土的形态特征 W－Ap2－Be－Bshg－BG

水稻土通过人类种植、水耕、排水、灌水、施肥等影响，形成一些独特的剖面层次。

（一）耕作层（淹育层，Ap）

经常受到农具搅动，是水稻根系生长的层次，也是整个土层中，物质和能量变化最活跃的土层，色暗灰，杂有青色或铁锈斑块。淹水时呈不同硬度的泥浆状；落干后龟裂成屑柱状、碎块状。这层厚度薄者不到 12cm，厚者为 15～18cm。灌水层与土面的相接处是黄棕色氧化层，厚度不到 1cm。氧化还原电位为 300～650mV，是好气微生物活动层。氧化层之下为还原层，氧化还原电位在 200mV 下，并有较多还原性物质。在排水落干后，耕层孔隙中有鲜红棕色的胶膜，俗称"鳝血"，这是土壤熟化的一种标志。

（二）犁底层（Ap2）

在耕层下约 10cm 左右的密实土层，多为扁平的棱状结构，容重较大，孔隙度较小，在水田犁底层有阻止水分迅速下渗的意义。维持一定的灌水层，有利于根系的发育，养分转化和防止养分淋失，还原性铁锰的强烈淋失。但不能过厚、硬。

（三）渗育层（P）Be

在犁底层之下，受灌水或渗漏淋洗的影响，水分在该层浸泡、停滞时间不长而常达不到水分饱和状况，色黄稍带灰色，干时呈大块状、棱柱状构造，有锈斑。在强烈淋溶条件下形成"白土层"或"灰漂层"的强渗透育层，其颜色灰白，黏粒和铁的含量很低，有机质、氮、磷均缺乏，肥力很低，厚度为 10～20cm，这是低产水稻土的一种标志。

（四）潴育层（W）或淀积层（B）shg

地下水位低、排水良好、发育程度较高的水稻土都有潴育层的发育，颜色呈黄灰杂色，这层多呈锈斑、铁锰结核或斑块、黏粒、石灰等新生体。根据淀积物质的种类可进一步划分成铁淀积亚层（Bir）、锰淀积亚层（Bmn）和石灰淀积亚层（Bk）。

该层除受灌水影响，也受地下水升降影响。潜水面频繁变动地方常有大量铁锰斑块、结核甚至铁盘。长期的干湿交替，开裂成巨型的棱柱状结构。在氧化还原作用下可见杂色黏土，铁锰胶膜杂色物。由于代换盐基的聚集，这层的盐基饱和度提高，酸度减弱。

（五）潜育层（G）

地下水型水稻土的重要诊断层次，潜育层有锈潜育层、潜育层和漂白潜育层。灰色、无结构、贫瘠化。潜育层过高，土温、水温偏低，通气性不良，有还原物质积累，不利于水稻生长，属于低产型水稻土。

五、水稻土的基本性质

（一）物理性质

1. 气体交换

在淹水之后，气体交换受阻，氧气含量急剧下降，生物呼出 CO_2 和嫌气微生物活动产生的还原性气体 CH_4、H_2S、PH_3 等相对积累起来，造成淹水层土壤特殊的气体组成。而水稻根系分布在缺氧层内，水稻的茎、叶、节、根可将大气中的氧输送到根尖端，使根周转保持氧化状态，水稻根系氧化能力最高部位在白色新根尖端，这时氧化还原电位最高可达 683mV，近根处可达 220mV，远根处 83mV，水稻根孔附近常见到黄褐色高价铁凝胶层。这种高价氧化铁的凝胶氧化环境，对抵抗亚铁、硫化铁、亚硝酸盐等还原性物质的入侵是有作用的。

土壤与水的界面上氧化层中，氧的含量相对较高，水层溶解少量的氧气。水生植物的光合作用及绿肥产生的沼气可助长藻类发展，藻类反过来又以氧丰富了表层水。水中 CO_2 浓度可高达 20%，对植物有致死作用。但水稻土中甲烷有冲稀 CO_2 浓度的作用，使其降至致命水平之下。

2. 水分状况

水稻土的透水性能一般为漏水、囊水、爽水三种状况。爽水性是高产水稻土的重要特性。所谓爽水是土壤具有适宜的通气透水性能。我国水田每昼夜减水深度多为 7~20mm，日本为 20~30mm，具有爽水特点。适宜的减水深度对排除毒物、增加氧的交换有重要作用。过大为漏水田，反之为囊水田，均不利于高产。

3. 温度状况

由于水的比热、热容量大，升温与降温皆慢，为调节温度，可采用晒田、复灌、浅灌、深灌、日灌夜排、日排夜灌等措施。春不过低，夏不过高，昼夜温差较小，有利于根系的发育。

4. 水稻土耕性

水稻土的耕性分为糯性、粳性、淀浆性和起浆性。糯性是指土体松软好耕，有机质较多，砂黏适中，结构良好。粳性指土体紧实、黏韧、不易耕作，干时硬、湿时黏、耕作阻力大。淀浆性是指土壤耕作层的机械组成主要分为粉砂粒和细砂粒，有机质少，耕耙后会出现澄实的板结表层，给插秧造成困难，耕作效果不能巩固。起浆性是指土粒分散悬浮，烂泥层很深，软而烂，深而陷，陷畜、陷人又漂秧的一种耕性不良的土壤。

(二) 化学特性

1. 氧化还原状况

水田淹水前，排干收获期，晒田期，Eh 约在 300mV 以上；淹水期在 100mV 以下，淹水愈久，Eh 值愈低，而淹水期氧化层的 Eh 值远比还原层高，若 Eh 经常在 180mV 下或低于 100mV，水稻分蘖停止；如长期处在 100mV 以下，水稻会枯死。水稻根附近 Eh 高于土壤 Eh。

2. 淹水下降 Eh 值

化合物发生变化，有些兼性和专性微生物就要以新鲜有机物为能源，以硝酸盐、高价锰铁和硫酸盐等化合物作为电子受体，使土壤中的高价铁、锰被还原成 Fe^{2+}、Mn^{2+}，使这些物质活性加强，影响肥力。低价铁多，使土壤染上青灰色。水稻对铁的需要比其他谷物多，但过多也有害。老朽化水田缺铁，根无赤色高铁氧化层保护，易受 H_2S 侵害，引起根腐，消除过量亚铁可排干底土，加硝酸钠、石灰等均可抑制亚铁积累。

(三) 养分特性

在淹水条件下，由于生物化学反应，许多养分转为有效态。

1. 有机质积累 (氮的转化)

由有机态氮经过分解转化成氨基酸，再经过氨化作用，产生 NH_4^+，但大部分被胶体吸附，少量存在于溶液中，两者处于动态平衡。硝态氮处在溶液中易流失和反硝化而损失，因此淹水条件下氮肥易损失。

2. 磷的转化

磷酸盐溶解度与有效性提高，是磷酸高价铁还原为低价铁，增加了铁的活性，减少了对磷的固定，淹水土壤有效磷含量高于旱田土壤。

3. 钾的转化

有效钾量一般低于旱田，在 123～171ppm，土壤处于干燥状态下有利于钾的释放，所以水田要注意施钾肥。

六、水稻土的亚类

（一）渗育水稻土（黑土型水稻土）

是一种地表水型水稻土，肥力较高，剖面 AP－APP－AB－B－CG。剖面形态基本与黑土一致，只是增加铁锈斑与潜育斑。

（二）潴育水稻土

1. 白浆土型水稻土

剖面为 AP－APP－BG－CG 层，透水性不好，易囊水，土冷浆，但淹水后有效磷比旱田增高。

2. 草甸土型水稻土

是一种地下水型水稻土，与草甸土剖面形态基本一样，AP－APP－BCG－CG，但剖面上有大量锈斑和潜育斑，由于地下水位高，冷浆，黏朽，耕性差，肥力低。

（三）淹育水稻土

包括暗桂冠型水稻土和石岗型水稻土，地势较高，地下水位深，种稻时间短，肥力较低，应注意施肥。剖面 AP－APP－BG－CG，在宁安、海林有分布。

（四）潜育水稻土（沼泽土型水稻土）

剖面形态 AP－APP－G1－G2 层，与沼泽土基本一致，地下水位高，化冻晚，冷浆，耕性差，春分转化慢，扎根浅，土壤肥力不高。

（五）盐碱土型水稻土

剖面 A－AP－BG－CG 层次。经常淹水种稻，使盐碱向脱盐脱碱方向发展，地下水矿化度下降，这种土壤主要问题是物理性质不良，含盐多，透水不好，属于囊水型水稻土。

（六）砂土型水稻土

剖面 A－AP－C1G－C2G 层，质地多为砂壤土，疏松热潮，物理性质良好，但漏水，肥力低，养分缺乏。

七、水稻土的利用与改良

（一）增厚耕作层

耕层要求 20～25cm，通过深耕，逐年加厚。

（二）平整土地

土地不平整，对水稻生长不利，洼地水深，土冷水冷，不保苗；高地水浅，稗草丛生，不利于水稻生长。其次池子多，埂子多，占地多，浪费土地。

（三）增加有机质

增施有机肥料，增加养分和保肥性、缓冲性。

（四）犁冬晒田

动用干土效应来提高水壤肥力，在有机质含量高的黏土田效果最好。俗话说"晒田可增加氧气，提高土壤热气，水稻生长有力气"。

（五）改善土壤物理性质

施用有机肥料、沙子等改善朽、冷浆、耕性不良、养分转化慢、温度低等状况。

（六）加强水浆管理

消除串灌，变成单灌单排或双灌双排，对地下水浸渍的低产水稻土，要设法降低地下水位。

第二章

黑土地保护利用目标、原则与路径

众所周知，耕地是粮食生产的基础，但是要保证能够生产出足够充足的粮食及农产品，耕地数量决定了有多少地可以种植农作物，耕地质量则决定了最终能够获得谷物和农产品的数量。

耕地以土壤为核心，早在1982年，国际土壤学会第12届代表大会就提出"把土壤资源管理起来，迎接人类面临的挑战"，当届的大会主席 J. S. Kanwar 在致辞中提出："土壤是我们全体人类生产和再生产的基础，我们必须关心土壤""拯救土壤使其为人类服务""如果我们十分熟悉我们的土壤，我们就能够预报它的变化与改良效果。"

国家"十三五"规划提出："坚持最严格的耕地保护制度，坚守耕地红线，实施藏粮于地、藏粮于技战略，提高粮食产能，确保谷物基本自给、口粮绝对安全。""藏粮于地、藏粮于技"就是要通过各种措施，保持耕地较高水平的生产能力，通过科技投入，保障每年粮食产量目标的实现，从而可以减轻丰年补歉年的传统仓储压力。"藏粮于地、藏粮于技"是对于"有土斯有粮"传统理念的新发展，不光要有"土"，还要有优质的"土"。这从新的角度表明，土壤是国家财富的一部分，是农业持续发展的重要基础，保护黑土资源，对于保护我国的粮食生产能力、保持农业可持续发展意义十分重大。

第一节　黑土地保护利用的主要目标

一、保护和提升黑土区农田系统的可持续性

在整个自然生态系统中，农田是以农业种植产出为目标的一个特定区域，从狭义的角度可以将其看作是一个相对独立的系统。农田系统的可持续性，是指在光、温、水及土壤类型确定的条件下，如何保持和不断提升其产出能力及

这种能力的可持续性。一个系统的可持续性可用能量效率来表达,光、温、水及土是自然能量投入,人为的农田能量投入分为有机能量投入和无机能量投入,有机能量主要是劳力、畜力、种子和有机肥,无机能量主要是农机、化肥、农药和燃油,有投入必然要有产出,投入与产出的比例就是能量效率。能量效率的变化能够说明农田系统的发展方向,说明农田产出的稳定性和递增性。东北是典型的1年1熟区,雨热同季,光、温、水及土基本上处于一个稳定的状态,这是当地优越的自然生态条件。黑土是我国能量效益较高的农田系统,在人为的农田能量投入上,因地形相对平坦,耕地集中,农业综合机械化水平较高,郭兵等人调研显示,到2011年,辽宁、吉林、黑龙江三省的农业综合机械化水平分别达到66%、65%和90%以上;因土壤肥沃,有机质含量高,王旭2005—2008年的研究结果显示,水稻和玉米的化肥增产率分别达到59%和41.8%,化肥偏生产力分别达到29.5%和37.1%,明显高于其他地区。因降水与作物生长期比较匹配,主要依靠自然降水,灌溉投入较少。东北黑土区有多种地形地貌,如坡地、平地、低洼地等;有不同的种植作物,如玉米、水稻、大豆、蔬菜、牧草等;对于农田产出的目标,可通过种子、有机肥、化肥、农药、农机等投入,最终获得不同的产出及能效。由此,选择不同的自然因素与人为投入因素的组合,保持其持续的利用和产出目标是农田系统优化的目标。从大农业角度来说,调整种植结构,宜农则农、宜牧则牧、宜草则草;在农业种植内部结构调整上,优化玉米、水稻、大豆等主要作物的布局,发展优质高产的饲料玉米,就能够建立起优化的农田利用系统。进一步通过优化农田的有机能量和无机能量的投入,提高资源利用效率,有利于保持东北黑土区自然优势的持续性,最终达到保持和不断提升其产出能力及这种能力的可持续性。

二、保护和提升黑土区资源利用的可持续性

我国有约占全球23%的人口,而只有约7%的耕地面积,人均耕地面积在0.08公顷左右,远低于美国、俄罗斯和英国的人均0.5公顷、0.8公顷和0.1公顷耕地面积,由此可以看出我国耕地资源的稀缺性。2008年8月《全国土地利用总体规划纲要(2006—2020年)》重申要坚守18亿亩耕地"红线",并提出到2010年和2020年,全国耕地应分别保持在18.18亿亩和18.05亿亩。但是有了资源数量的保证,还需要管好耕地质量,才能实现资源的可持续利用。在经济、环境协调可持续发展的全球战略中,国际农业研究小组的技术咨

询委员会对可持续农业的定义为：成功地管理各种农业资源，以满足不断变化的人类需求，而同时保护或提高环境质量和保护自然资源。从另一角度说，没有资源的可持续利用模式，就不会有农业的可持续发展。历史上，美国和苏联都发生过严重的黑土资源被破坏的灾难。由此，美国针对本国国情确定了土壤保持的战略，大力推广保护性耕作，秸秆还田，经过近80年的治理，黑土土层已经有了明显改善。苏联的土壤学家抓住了防治土壤干旱这个关键，确定了恢复黑土生机的方案，如营造防护林、利用积雪雨水保持土壤水分以及其他一些耕作措施，经过半个多世纪的努力，黑土逐步恢复了活力。我国东北虽然没有发生美国大平原那样的"黑风暴"和乌克兰大平原的连年大旱，但黑土资源的退化在悄无声息地进行着。近10多年来，东北黑土区土壤退化问题已经引起比较广泛的关注，应进一步加强对黑土资源退化原因的研究，在黑土资源质量建设与管理上形成一个长期机制，并不断改进和完善农艺措施，实施用养结合的黑土资源利用战略，防止黑土资源的进一步退化，促进黑土资源质量向好转化，实现黑土区资源的可持续利用。

三、保护和提升黑土区生态环境的可持续性

土地退化，从土壤退化开始。耕地土壤退化，不仅与自然因素有关，同时与耕种利用有密切关系。我国东北平原黑土区开发历史较短，总体上看，属于我国耕地土壤自然肥力保持较好的农业地区，但开垦以来短短的几十年时间里，黑土层受到一定破坏，生态环境也发生了很大的变化。大面积草原植被地貌被开垦为农田，加上耕作不当，水土流失严重，又进一步造成肥沃的表层土壤流失。为提高农作物产量，应用地膜技术造成的"白色污染"、不合理施用化肥造成的土壤酸化以及农药残留等问题也都普遍存在。表面上看，是黑土资源受到了一定程度的破坏和丧失，但实质上更深层的影响则是该区域生态环境在退化。2015年，联合国粮农组织发布了《世界土壤资源报告》，新的全球土壤观的核心是"土壤安全"，不仅仅是说土壤与粮食安全相关，同时事关能源、环境污染、食物安全、气候变化、区域发展等全球可持续发展问题。土壤是一个复杂的开放体，它一直处在不断地发展和演变中，同时也由于土壤具有的过滤性、吸附性和缓冲性等多种特性，人类在排放污染土壤的有害物质时的无限度，造成土壤功能的下降，甚至完全丧失。一旦土壤不存，整个生态系统将变成不毛之地。保护土壤的安全，就是保护生态环境的安全，生态环境的可持续利用，才能使农业有可持续发展的环境。因此，土壤、农业、生态环境是相关

联的统一体。

土壤是粮食安全、水安全和更广泛的生态系统安全的基础，农业利用土壤资源措施得当的话，不仅意味着更好地保持了土壤自身生产力，在更大程度上还意味着生态环境的改善和提高。中国科学院韩冰（2008）等研究表明，通过施用化肥、秸秆还田、施用有机肥和免耕措施，对我国农田土壤碳增加的贡献分别为 40.51Tg/a、23.89Tg/a、35.83Tg/a 和 1.17Tg/a，合计为 101.4Tg/a，是我国能源活动碳总排放量的 13.3%。由此可见，增施有机肥不仅能提高土壤肥力，而且事关生态环境，可以减少农田土壤的 CO_2 净排放。因此，保护耕地黑土资源与保护自然生态环境是密切相关的统一体，应采取综合性措施，预防与治理相结合，农业技术与工程技术相结合，实现生态环境可持续发展。

四、保护和提升黑土区生产能力的可持续性

耕地土壤最本质的利用特征是农业生产力，这也是大自然赋予人类的资源特征。保持黑土资源生产能力的可持续性，主要从三个方面下功夫：一是土壤肥力。从土壤肥力因素来说，土壤资源具有可再生性，因为土壤肥力可以通过人工措施和自然过程而不断更新，这也就是通常所说的土壤熟化。在自然状态下，植物生长吸收土壤养分，秋季又以落叶的形式归还土壤大部分养分元素。但在人工耕作状态下，农作物收获是一种向土地索取的行为，特别是大量的籽粒和秸秆都随着收割带出农田，如果不进行适当的归还，土壤中的养分元素只消耗而没有补充，肥力就会下降。有机质是衡量土壤肥力的重要指标，因为有机质本身富含大量养分，并能够不断地通过矿化过程释放出来，同时，有机质是一种胶体，吸水率高达 400% 以上，能够保持土壤湿度和水分，帮助土壤颗粒形成良好的团粒结构。二是土壤生物肥力。微生物是土壤有机质分解和矿化的必备因素，只有通过微生物的作用，秸秆等有机物才能腐烂，形成腐殖质，并释放出养分元素，作物才能够吸收利用。保持良好的微生物肥力，与保持土壤有机质是相互依存的关系。三是建设高标准农田，即在有能力的条件下，提高农田基础建设标准。例如，灌溉与排水设施的完善，旱能灌，涝能排；农田机耕路的畅通，可满足农机下地作业的要求。国家颁布的高标准农田建设总体规划提出，高标准农田建设的八个方面，田、土、渠、路、林、电、管、科等各项建设都应高标准。提升黑土区生产能力的可持续性应采取综合措施，通过基础工程建设与用养结合农艺措施的紧密结合，有利于保持农田始终处于良好

的状态，进而保持生产能力的持续稳定和不断增长。

第二节　黑土地保护利用的基本原则

一、坚持技术引导，用养结合原则

用地养地结合是提高黑土资源质量的重要基础措施。用养结合，就是要通过农业耕作技术，既实现相应的产量目标，又不断培肥土壤，提高土壤的生产力。土壤肥力是土壤生产力的基础，土壤肥力保持和更新的首要措施就是培肥土壤。我国自古就有积造有机肥、施用农家肥的传统。"庄稼一枝花，全靠粪当家""苗靠粪长，地靠粪养"。早在春秋战国时代，《礼记》《孟子》等著作中就提到施肥粪肥，以粪肥田。南宋农学家陈莆在《农书》中提出了"地力常新壮"的观点，主张用地养地结合，采用施用有机肥来保持和提高地力。科学研究表明，土壤培肥的主要基础在于土壤腐殖质的形成与更新，而腐殖质的形成与更新是一个长期积累的过程。吉林省农科院的 10 年长期定位监测试验结果显示，单施化肥，土壤有机质呈下降趋势；有机肥与化肥配施，有机质呈明显增加趋势，全氮、全磷、碱解氮、速效磷、速效钾均呈明显增加趋势。有机肥与化肥长期配施对土地生产力贡献也远优于化肥单施。而单施化肥会导致土壤肥力逐步下降。从种植业生产系统来说，一方面种植业生产通过利用土壤资源环境系统提供的条件得以进行；另一方面它又反过来影响土壤资源环境系统。如施肥虽然是农业生产中的一个技术环节，但通过秸秆还田、农家肥堆沤还田等与化肥结合，既可以达到增产的目的，又可以达到保持和提升耕地土壤肥力的目的，有事半功倍的效果。在农业技术生产中，耕作、种植结构、种植品种、休闲轮作等也对土壤培肥有着直接或间接的作用。因此，在生产实践中，应统筹粮食增产、农民增收和黑土资源保护之间的关系，推广资源节约型、环境友好型技术，把用地和养地的关系处理好，促进黑土资源可再造性能的再生，保持和不断提升黑土资源的生产力。

二、坚持转型发展，保护资源原则

我国的农业发展已经到了需要更多依靠科技突破资源环境约束，推进现代化建设，构建持续稳定发展体系的新阶段。资源环境约束是指资源环境的承载力几乎已经达到极限，由于不堪重负，资源环境质量下降，进而给国民经济以及人民生活带来不良的影响。全球关注的粮食危机、能源危机、环境危机使人类认识到保护生存之本的重要意义。我国东北黑土区水资源、土壤资源危机已经显现，长期的单一种植以及过度追求高产，黑土资源只被消耗，不重视养护。从能量转化原理来说，土壤资源中的物质在源源不断地累积到农作物产品中，满足了人们对粮食等农产品的需求，但获取更多农产品的要求还在增加，致使黑土资源已不堪重负。因此，按照农业供给侧结构性改革的要求，东北黑土资源区应该按照资源要素最优配置的原则，在统筹全国粮食总体生产布局的情况下，推进黑土区的种植业转型升级，调整农业结构，确定适宜的粮食特别是玉米的生产目标，发展大豆等养地作物，发展饲料用玉米等，给耕地以休养生息的机会，满足生态保护和持续利用资源的要求。近几十年的开发，东北黑土资源质量已经发生了很大的变化，形成了不同的空间布局，有厚层黑土区、中厚层黑土区、薄层黑土区，各黑土区的土壤肥力、土壤生产能力及土壤中相关元素都发生了变化。因此，从国家粮食安全保障长久战略出发，划定粮食生产重点保护区、重点建设区、转型发展区等，因地制宜地确定黑土资源的保护和利用模式，调整优化种植结构和生产布局，保护好我国天然的粮仓基地，实践藏粮于地战略。同时，在近一个时期内，尽可能不开垦或少开垦新的耕地，保护原始的黑土资源，保留与黑土资源并存的生物种群。

三、坚持建管结合，持续利用原则

强化农田基础设施建设和管护，有利于提高农业种植效益，同时可提高耕地防御侵蚀退化的能力。农田基础设施建设主要是指平整土地、灌溉与排水、坡改梯、机耕路、防护林网等，这些工程一方面有提高劳动效率、资源利用效率、农产品市场效益、农产品品质与质量安全等功能，另一方面则起到提高耕地抗御外界不良环境因素的能力。例如，坡改梯、截留沟等建设，通过截断坡长长度，能够消减坡地地表径流冲刷力度，减缓地表径流对表层土壤的冲刷侵蚀，防止水土流失；开沟排水，能够降低地下水位，有利于排除盐碱，并提高土壤温度，促进有机质分解释放，改善种植条件；农田防护林有利于降低田间风速，减少风蚀对表层土壤的侵蚀，通过林带对气流、温度等环境因子的影响，降低土壤水分的蒸发速度；机耕路的修建，有利于农机作业，不仅可以对土壤耕性进行改良，打破犁底层，加厚活土层，同时，农业机械化对实现科学施肥、科学施药的集约化操作有重要意义，有利于减少过量使用化肥和农药残留，保护土壤质量。强化农田基础设施的管护，目的是保持农田基础设施的持续功能，提高工程效益，最终实现持续的土壤保护和生产能力的保护。

耕地土壤管理不仅要建设农田基础设施，"为了人类的生存，土壤管理是刻不容缓的事"。现代科学技术的发展，为土壤资源的管理提供了先进的手段。在现阶段，我国已经进行了两次全国土壤普查，基本摸清了我国土壤类型分布与基本特性，近年来实施了全国测土配方施肥项目，基本摸清了全国各类土壤现阶段肥力基本数据；全国耕地质量调查，基本摸清了不同区域耕地质量状况及基础生产能力，初步建立了以县为基础的耕地质量数据库。在这些调查的基础上，应该像管理国有固定资产一样，制定相应的法规制度、标准等，把耕作土壤管理起来，以测土配方施肥和耕地质量调查数据为基础，建立起国家耕地土壤质量动态管理平台，统筹布局耕地土壤质量监测点，定期采集农田土壤质量信息，及时发现土壤质量退化的隐患和问题，调整农业生产技术与管理，减缓或者消除耕地土壤退化状况的进一步发展，实现土壤资源的持续利用。

四、坚持政府扶持，农户参与原则

随着人口的增长，地球变得越来越拥挤，人类对自然资源的消耗也成倍增加，土壤资源也不再是用之不竭，它可能会因有机质不存在而失去生产能力，最终成为沙漠；可能会因水土流失而消失，最终岩石裸露；可能会因被污染而不能利用，最终被废弃。因此，保护人类共同的土壤资源，政府、社会各界及从事种植的经营者和农民等人人有责。黑土资源保护是一项公益性、基础性、长期性的工作，从顶层设计和统筹规划角度来说，政府应对我国土壤资源保护有明确的要求，发挥主导作用，通过政策、法规、资金、制度和管理等有效地推进黑土资源保护各项措施的落实。应该让社会各界认识保护土壤资源的重要意义，发挥市场机制，引导社会资本投入土壤资源的保护。不直接耕种土壤的社会各个行业，应遵守《土地管理法》和《基本农田保护条例》的相关规定，在工业等其他行业活动中，严格保护耕地，控制非农业建设占用农用地，严格工业废弃物排放规定，尽可能减少对耕地特别是优质耕地土壤的危害，助力做好土壤资源的保护工作。保护土壤资源，离不开从事种植的经营者和农民的积极参与，没有经营者及农民的参与，许多措施都落不了地。动员经营者及农民参加土壤资源保护，在种植农作物中改进农业技术，这不仅需要宣传，还需要切实让他们从中受益，提高种植效益。以秸秆还田为例，我国现实的农情，大型机械的投资高，使用期短，不可能家家户户都购买秸秆还田机、深耕松机械等，小农户实施秸秆还田遇到的困难，需要通过政府或社会服务组织进行规模化的作业，帮助农户实施秸秆还田。随着专业大户、家庭农场、专业合作社等新型农业经营主体的发展，农民普遍参加合作社，在农业经营方式加快实现集约化、规模化、组织化、社会化的过程中，在土地流转承包合同中，明确土壤资源保护的责任和任务，最基本的目标是用地养地结合，耕地土壤质量不下降。只有政府、社会和农业经营者及农户共同努力，才能实现土壤资源的保护，让土壤退化零增长。

第三节　黑土地保护利用的实施路径

黑土地的保护利用是我国重要生态工程，对于保障国家粮食安全和加强生态修复具有十分重要的意义。党中央高度重视东北黑土地保护利用工作，通过商品粮基地建设、新增千亿斤粮食生产能力建设及农田水利建设等项目，投入大量资金，建设了一批旱涝保收的高标准粮田，对遏制黑土退化起到了积极的作用。但是，还应看到，东北黑土保护仍存在不少困难和问题。一是分户经营土壤保护难。实行家庭联产承包责任制后，土地分散经营、规模偏小，农户承包耕地多呈顺坡条带状，导致等高起垄、筑埂、改梯等水土保持工程难以实施，大型农机具难以入田作业。同时，因劳动力成本上升，农户实施秸秆还田和施用有机肥的积极性不高。二是用地养地结合推广难。近些年，受种植效益等因素影响，东北地区粮食种植结构发生变化，多数地区调减大豆和杂粮等作物，改种单产较高的玉米，改变了过去粮豆轮作的用地养地种植模式，也影响了黑土的质量保护。三是科技支撑能力较弱。目前，对黑土保护的基础性、前沿性科研投入较少，成果不多。针对不同类型、不同区域黑土保护的集成创新不够。耕地质量监测网络不健全，建设与保护技术力量较薄弱。四是黑土保护政策力度不够。耕地保护重数量轻质量、重工程建设轻地力培肥等问题仍然存在，黑土保护利用机制和相关政策法律法规仍待完善，资金投入仍然不足等。为此，黑土地保护利用应按照如下路径持续推进。

一、形成有效的技术模式，用科学的方法实现东北黑土地保护利用

利用科学的研究方法形成东北黑土地保护利用的技术模式是实现黑土地保护利用目标的首要条件。近年来，黑龙江、吉林、辽宁、内蒙古4省（区）农业部门和有关科研教学单位，利用"东北黑土地保护利用试点项目""东北地区黑土保育及有机质提升关键技术研究与示范'公益性行业专项"等开展黑土

地保护利用技术研究，取得了初步进展。

"东北黑土地保护利用试点项目"实施过程中，为遏制黑土"变瘦、变少、变硬"，各地采取了一批切实有效的技术措施，归纳起来主要有五种。一是以坡耕地、低洼易涝耕地工程治理与等高种植结合为主的控制土壤侵蚀、保土保肥技术措施。二是以有机肥积造施用、有机肥工厂化生产施用及各种形式的秸秆还田秋春整地结合为主的积造利用有机肥，控污增肥技术措施。三是深松和少免耕技术应用为主的耕作层深松耕，保水保肥技术措施。四是以测土配方施肥、水肥一体化与各种新型肥料应用为主的科学施肥灌水，节水节肥技术措施。五是以粮豆轮作、青贮玉米牧草种植和大豆接种根瘤菌为主的调整优化结构，养地补肥技术措施。

"'东北地区黑土保育及有机质提升关键技术研究与示范'公益性行业专项"重点针对黑土区农田土壤侵蚀严重、耕层浅、结构差和地力下降等问题，形成了以发展保护性耕作技术为核心，玉米留茬深松耕作技术、原垄卡种耕作技术和深松过程中的秸秆还田技术相结合的技术模式，重点解决了玉米生长过程中保水、保苗、根系下扎难等问题；针对黑土区风沙土综合治理，研究风沙土团聚体形成与培肥措施，提出风沙土免耕覆盖抗蚀技术、风沙土持水保肥技术；针对黑土区旱作坡耕地的水热条件、土壤性质及作物类型，提出有机质提升的关键技术，评价不同施肥模式等因素对黑土地肥力形成及演化的影响。

但是，相对于现实需要，目前的技术模式仍显单一，缺少针对不同区域黑土地保护利用面临问题的分类细化，将土、肥、耕、种、收、秸秆还田一揽子统筹协调考虑的有实效、可复制、能持续的集成技术模式。即便是单一技术也有不足，如秸秆还田技术缺少针对不同地形、土层厚度、水热条件、轮作方式、农机支持力度等条件下的细化和分类。从田间收集秸秆运到堆肥场与畜禽粪便掺混后堆制的有机肥，每吨成本远高于用畜禽粪便堆沤的有机肥，做法不可持续。因此，需要针对不同地形、土层厚度、水热条件、农机支持力度等条件，对有关技术措施进行分类、细化，结合种植制度，将不同的技术措施进行组装配套。技术模式形成过程中，应考虑到以下内容：

（一）积造利用有机肥，控污增肥

通过增施有机肥，秸秆还田，增加土壤有机质含量，改善土壤理化性状，持续提升耕地基础地力。建设有机肥生产积造设施。在城郊肥源集中区，规模畜禽场（养殖小区）周边建设有机肥工厂，在畜禽养殖集中区建设有机肥生产车间，在农村秸秆丰富、畜禽分散养殖的地区建设小型有机肥堆沤池（场），因地制宜促进有机肥资源转化利用。推进秸秆还田。配置大马力机械、秸秆还田机械和免耕播种机，因地制宜开展秸秆粉碎深翻还田、秸秆覆盖免耕还田等。在秸秆丰富地区，建设秸秆气化集中供气（电）站，秸秆固化成型燃烧供热，实施灰渣还田，减少秸秆焚烧。

（二）控制土壤侵蚀，保土保肥

加强坡耕地与风蚀沙化土地综合防护与治理，控制水土和养分流失，遏制黑土地退化和肥力下降。对漫川漫岗与低山丘陵区耕地，改顺坡种植为机械起垄等高横向种植，或改长坡种植为短坡种植，等高修筑地埂并种植生物篱，根据地形布局修建机耕道。对侵蚀沟采取沟头防护、削坡、栽种护沟林等综合措施。对低洼易涝区耕地修建条田化排水、截水排涝设施，减轻积水对农作物播种和生长的不利影响。

（三）耕作层深松深耕，保水保肥

开展保护性耕作技术创新与集成示范，推广免少耕、秸秆覆盖、深松等技术，构建高标准耕作层，改善黑土地土壤理化性状，增强保水保肥能力。在平原地区土壤黏重、犁底层浅的旱地实施机械深松深耕，配置大型动力机械，配套使用深松机、深耕犁，通过深松和深翻，有效加深耕作层、打破犁底层。对建设占用的耕地，耕作层表土要剥离利用，将所占用耕地耕作层的土壤用于新开垦耕地、劣质地或者其他耕地的土壤改良。

（四）科学施肥灌水，节水节肥

深入开展化肥使用量零增长行动，制定东北黑土区农作物科学施肥配方和科学灌溉制度。促进农企合作，发展社会化服务组织，建设小型智能化配肥站和大型配肥中心，推行精准施肥作业，推广配方肥料、缓释肥料、水溶肥料、生物肥料等高效新型肥料，在玉米、水稻优势产区全面推进配方施肥到田。配置包括首部控制系统、田间管道系统和滴灌带的水肥设施，健全灌溉试验站网，推广水肥一体化和节水灌溉技术。

（五）调整优化结构，养地补肥

在黑龙江和内蒙古北部冷凉区，以及吉林和黑龙江东部山区，适度压缩籽粒玉米种植规模，推广玉米与大豆轮作和"粮改饲"，发展青贮玉米、饲料油菜、苜蓿、黑麦草和燕麦等优质饲草料。在适宜地区推广大豆接种根瘤菌技术，实现种地与养地相统一。推进种养结合，发展种养配套的混合农场，推进畜禽粪便集中收集和无害化处理。积极支持发展奶牛、肉牛、肉羊等草食畜牧业，实行秸秆"过腹还田"。

二、形成可靠的运行机制，用高效的工作实现东北黑土地保护利用

可靠的运行机制是实现东北黑土地保护利用目标的必要条件。只有建立起与技术模式相配套的运行机制，才能确保技术模式按规定要求实施。随着测土配方施肥、土壤有机质提升、耕地质量保护与提升等惠农项目的实施，逐步构建起与社会主义市场经济和我国农村现实情况相配套，保证技术措施落地并发挥作用的运行机制。

（一）构建可靠的运行机制

"东北黑土地保护利用试点项目"实施过程中，各试点县在形成政府帮助启动、市场机制引导、农户主动落实的黑土地保护利用运行机制上积极探索，勇于创新，通过优化项目实施方式，推动项目落地。一是项目重点由新型农业经营主体承担。黑龙江省把有意愿、有经济实力、耕作土壤类型有代表性、有配套农机、土地集中连片、有3年以上经营权的新型农业经营主体作为试点实施主体，由农业农机合作社和种粮大户承担起黑土地保护利用试点任务。二是支持社会化服务组织参与。通过购买服务和物化补助等形式，鼓励引导有机堆肥服务队购置堆肥设施、抛撒设备，利用畜禽粪便、秸秆等堆沤造有机肥，把有机肥运送到地、施肥到田，有效解决了劳动强度大、农业机械不足问题。项目带动了社会服务组织服务能力的提升。三是抓好技术指导与服务。项目县集中连片开展示范，建设示范片；技术人员深入田间地头开展面对面技术指导；组织开展技术培训；在各种媒体进行宣传、建立标识牌。同时，耕地质量调查监测工作也在推进，各省建设了耕地质量监测点，开展耕地质量调查监测，为开展项目实施效果评价打下基础。

但是，从黑土地保护利用工作的长远发展看，以上尝试仍处于探索阶段，有诸多问题需要解决。如阿荣旗比价招标确定社会化服务组织时，因补贴资金不足，设置门槛过高，出现了部分新型农业经营主体被排除在外的情形。因此，各级农业部门要及时总结经验教训，针对农业生产经营状况，分类探索研究有效组织方式，特别是要充分发挥出新型生产经营主体的示范引领作用，重点在"农民主动实施为主、补贴政策引导为辅"上下功夫，探索黑土地保护利用综合运行机制。进一步探索建立中央指导、地方组织、各类农业新型经营主体承担任务的项目实施机制，构建政府、企业、社会共同参与的多元化投入机制。采取政府购买服务方式，发挥财政投入的杠杆作用，鼓励第三方社会服务

组织踊跃参与。推行 PPP 模式，通过补助、贷款贴息、设立引导性基金以及先建后补等方式，撬动政策性金融资本投入，引导商业性经营资本进入，调动社会化组织和专业化企业等社会力量参与的积极性。

（二）构建良好的监测评价体系

黑土地保护利用技术模式和运行机制的实施效果需要量化的指标进行评价和考核。基础数据和运行效果数据采集是终期评价的依据。一是要采用先进的监测手段和方法。结合 GPS 卫星定位，建立地理信息数据库，以野外调查取样、室内测试分析等方法和手段，建立土壤肥力数字模型，评价耕地地力水平。开展遥感动态监测，构建天空地立体式数字农业网络，实现自动化监测、远程无线传输和网络化信息管理，跟踪黑土地质量变化趋势。二是先进的信息处理。由于所获数据量大，种类繁多，应按其属性归纳为 2 大类：一类为属性数据；一类是空间数据。这些数据库通过程序联接，进行分析，监测信息提交数据处理中心，经信息管理系统综合评价、分析，提出土壤肥力、土壤墒情变化和发展趋势，监测成果以图像、图形和报告形式向国家和地方政府提交。三是建立第三方评价机制。建立对黑土地保护效果的第三方评价机制，有利于加强对黑土地保护工作的监管，减轻行政负担，帮助各级政府提高工作效率；有利于建立黑土地保护利用的长效机制，促进各项工作落实。黑土地保护效果的第三方评价机制可以充分发挥社会力量的专业优势，依靠专业人才完成评价工作，可以使评价结果更具有专业性和公信力。第三方评价工作的过程、结果遵循公开透明的原则，可以增强社会公众对黑土地保护工作的关注与重视，在加强社会监督的同时，激发实施主体不断解决问题，稳步提高能力的积极性。

三、形成有力的政策支持，用良好的社会环境保障东北黑土地保护利用的可持续性

东北黑土地的战略地位决定了黑土地保护利用是一项长期的、复杂的、艰巨的工作，需要一个有利的政策环境给予长期而稳定的支持。

（一）出台耕地质量保护法，将黑土地保护纳入依法管理轨道

我国在保护耕地数量的动态平衡方面已取得了显著成效，相关法律法规比较健全，在耕地质量保护方面从无到有，也取得了一定的成效。在这方面，东北黑土地所在的 4 省（区）均已打下了很好的基础。内蒙古、吉林、黑龙江省人大先后发布了条例，如《内蒙古自治区耕地保养条例》《吉林省耕地质量保护条例》《黑龙江省耕地保护条例》，辽宁省政府令发布了《辽宁省耕地质量保

护办法》。为进一步落实习近平关于黑土地保护的重要指示批示要求，加大黑土地保护力度，吉林和黑龙江两省人大分别颁布了《吉林省黑土地保护条例》和《黑龙江省黑土地保护利用条例》，开启了依法保护黑土地的先河。

（二）强化政策扶持，营造支持黑土地保护利用工作的社会氛围

黑土地保护利用工作不仅需要法律支撑，还需要政策扶持。2015—2017年，农业部启动了东北黑土地保护利用试点，每年安排 5 亿元开展工作，到 2018 年每年增加到 8 亿元。同时，安排了东北黑土地保护专题治理项目，每年 1.5 亿元；安排了秸秆综合利用专项、深松整地补贴，支持黑土地保护利用工作。拥有黑土地面积最大的省份黑龙江省政府印发了《关于实施耕地地力保护补贴的指导意见》（黑政办发〔2016〕69 号），耕地地力保护补贴标准为 71.45 元/亩，并明确规定秸秆还田、施用农家肥等直接用于耕地地力提升的资金要达到每亩 10 元以上。在项目的带动下，各级政府高度重视黑土地保护工作，黑土地保护意识不断提高。通过项目宣传、培训和现场会等方式，项目区的农民认识到了增施有机肥、秸秆还田、粮豆轮作等技术措施对保护黑土地的重要性，培养了农民提高耕地质量的意识。黑龙江省将黑土地保护利用纳入《黑龙江省国民经济和社会发展第十三个五年规划纲要》，黑龙江省委十二届九次全会将黑土地保护列入现代农业发展的"十二项工程"之一重点推进。内蒙古把黑土地保护利用纳入政府工作目标和考核内容。在有关政策的扶持下，已形成良好的关心支持黑土地保护利用工作的社会氛围。

按照落实以绿色生态为导向的农业补贴制度改革要求，继续在东北地区支持开展黑土地保护综合利用。鼓励探索东北黑土地保护奖补措施，调动地方政府和农民保护黑土地的积极性。允许地方政府统筹中央对地方转移支付中的相关涉农资金，用于黑土地保护工作。结合现有投入渠道，支持采取工程和技术相结合的综合措施，开展土壤改良、地力培肥、治理修复等。推进深松机、秸秆还田机等农机购置实行敞开补贴。鼓励地方政府按照"取之于土，用之于土"的原则，加大对黑土地保护的支持力度。

（三）制订并完善相关标准，让黑土地保护利用工作规范化前行

黑土地保护利用工作涉及技术和操作两个层面的标准。

在技术层面，一是尽快将相关技术模式上升成技术规程，方便黑土地保护利用工作者选择适宜的技术模式，按照操作程序实施。这样做，不仅能保证技术应用的效果，还会提高技术模式制订者和应用者的信心，同时，也便于发现技术模式存在的缺陷，及时修改完善，带动各项技术的水平不断提高。二是完

善监测标准，根据农业农村部《耕地质量调查监测与评价办法》的规定，完善质量监测、田间试验、样品采集、分析化验、数据分析等工作的标准。国家发布《耕地质量等级》（GB/T 33469—2016）。三是尽快形成对黑土地保护利用工作绩效评价方法。绩效评价结果是下一阶段安排、落实、推进工作的基础，是工作方案中不可缺少的部分。公正的评价结果需要用科学方法获取数据的支撑，实施前背景数据和实施过程数据与实施结果数据同等重要。目前，各地都在积极探索黑土地保护利用工作绩效评价方法，如采取设立黑土地调查监测点对黑土地保护效果进行监测评价、委托第三方对黑土地保护利用工作进行绩效评价等方式，构建黑土地保护利用工作绩效评价体系。

在操作层面，重点应在资金风险防控上下功夫。物化补助的财政资金支持方式，可按照《中华人民共和国政府采购法》《中华人民共和国招标投标法》等法律法规执行，风险小，操作性强，便于实施。但是，政府购买服务的财政资金支持方式，需要合同约定目标、任务和评价指标等，还需要经过第三方中介机构的验收评定，项目实施主体和管理主体均存在较大风险，导致政府购买服务的财政资金支持方式举步维艰。在积极探索政府购买服务的财政资金支持方式的同时，合理制订评价指标、目标任务、测算补贴标准，便于量化考核，既充分调动两个主体的积极性，又让各类政策支持资金能够依法、合理使用。

第三章

黑土地保护与提升技术

第一节　肥沃耕作层构建技术

耕作层是人类为了栽培作物，利用工具对土壤进行扰动的深度层。人类扰动土壤的目的有三：一是把作物种子放入土壤适宜的深度，有利于种子萌发；二是把有利于作物生长和预防病虫草害的物料放入以最大程度发挥土壤的作用；三是通过扰动改善根系的生长发育空间。

一、耕作层发展进程

（一）原始社会

用石斧和石锛等工具把树砍倒、晒干，然后放火烧掉，利用灰烬提供养分，用石刀或尖头木棒刺土挖穴播种，不加管理，等到成熟时用石镰收割，即"刀耕火种"。此时的耕作只有掘土、播种和收割，没有中耕除草、施肥灌溉等，这样形成的耕作层仅限于作物播种的层次。由于那时人类居无定所，对某一块土壤的扰动是临时的，无法形成一个稳定的耕层。

（二）夏商周奴隶社会

出现了青铜农具，这时的人类已经懂得中耕除草，增加了对土壤的扰动，会形成一定的耕作层，但是由于当时耕作粗放，未加任何养地措施，土地连续种植三年以上就会被弃荒，耕作层随之消失。

（三）春秋战国时期后

随着人口增加，土地世袭长期撂荒已经不能满足社会需求，加之铁制农具和畜力耕作的出现，可以翻动土壤，也具有铲除杂草的能力，提高了耕作效率，此时已经出现了施肥和灌溉，进一步增加了对土壤的扰动。已开始持续利用土壤，形成较稳定的耕作层。

(四) 近现代

随着近现代科学技术发展，各类农机具相继问世，进一步提高了耕作效率，加强了对土壤的扰动强度和频率，形成了稳定的耕作层。但是，传统耕作由于长期的机械碾压导致了土壤犁底层的出现，机械碾压的时间越长犁底层越厚，耕作层就越浅，限制了作物的生长发育。20 世纪初我国引进了西洋犁，50 年代大量引进了苏式五铧犁，60 年代创造了带心土铲的双层深翻犁，20 世纪 70 年代初，黑龙江省的科研机构和农业院校，进行了土壤深松耕的多年和多点试验、示范和推广。与传统的浅耕和耙地相比，深松或者深耕能够打破犁底层增加耕层厚度，减小底层容重，增加孔隙度，极大地提高了降水的入渗量。

因此，从原始社会的刀耕火种，到目前应用大型机械扰动，土壤耕层的深度从几厘米到几十厘米，人类创造了不同深度的耕层。但是适宜的土壤耕层深度，应当根据作物根系生长发育分布空间和土层储水能力以及土壤类型而定。

二、农田土体结构及特性

根据生产实践，农田土壤的土体一般分为四层，每层的物理、化学和生物性状以及调节土壤肥力因素的作用都不尽相同，采取的措施也不同。

(一) 表土层

0～15cm，此层次经常受气候条件和耕作栽培措施影响，变化较大。这一层按照松紧状况以及对作物生长发育的影响，又可以划分为 2 层，即覆盖层（0～3cm）和种床层（3～15cm）。覆盖层受气候条件影响最大，其结构状况直接影响渗入土壤水分总量、地表径流、水土流失、水分蒸发、气体交换和作物出苗等；种床层，由于镇压，该层较紧实，毛管孔隙发达，下层水分沿着毛管上升到种子部位，保证种子发芽。

(二) 稳定层

15～35cm，也被称为根系活跃层。其中一部分是原来犁底层和心土层，经过深耕施肥改造而成。在平翻耕法条件下这一层的容重一般比种床层小，是根系分布较多的部位，是作物对养分、水分、空气要求的敏感地带。因此，这一层的物理性状、蓄水保水和供水供肥能力，对作物生长发育有重大的影响。

(三) 心土层

35～60cm，也称保证层。土壤结构紧密，非毛管孔隙占 7％～10％，根系分布量约占根系总量的 20％～30％。该层受外界条件影响较小，肥力因素比较稳定，物质转化和移动缓慢。心土层的性状对于耕层肥力和作物生长也有影响。对于蓄水保肥，特别是对灌溉条件或者地下水位低的地块一定程度上起着蓄水库的作用。上层输送土壤水分和养分从大孔隙渗透到下层，当作物需要时，贮存在下层的水分和养分，又以毛细管作用补给上层利用。因此，创造一个土体深厚，耕层疏松，心土层紧实的土体构造，对协调水、肥、气、热的供应，保证作物生育期间对肥力的需要，达到高产是非常重要的。

（四）犁底层

土壤深耕时，常常因为农机具的作用和底土塑性较强，在耕层和心土层之间形成了一个容重较大（$1.5 \sim 1.8 \mathrm{g/cm^3}$）封闭式的犁底层。在犁底层中总孔隙度极小，大孔隙少。犁底层的存在减弱了耕层和心土层之间的能量和物质流通。它有使雨水和养分保存在耕层，为根系直接吸收的优点。但是它也有不能使雨水深贮在下层心土层，有效防止耕层涝害或防止大量蒸发，妨碍根系伸展，改变根型，妨碍利用心土层的能量和物质的缺点。根据犁底层的特性，在土壤耕作时应尽量避免形成犁底层，而在已形成犁底层的土壤上应该进行打破或者消灭犁底层的耕作措施。

三、适宜耕作层厚度

不同土壤类型会影响根系生长空间和土壤储水能力。障碍性层次的土壤（例如黑土的犁底层，白浆土的白浆层），在 $20 \sim 30 \mathrm{cm}$ 存在障碍层，限制根系生长发育的空间，使 80％以上的根系分布在该层次，影响了根系对土壤中水分和养分的吸收。而对于不存在障碍性层次的土壤来说有 10％以上的根系分布在 $20 \sim 35 \mathrm{cm}$ 土层，促使作物根系能够更充分利用土壤中的水分和养分。因此，对于黏质土壤包括黑土、黑钙土、白浆土、暗棕壤和草甸土等中厚层黑土区，最适宜的耕层深度为 $0 \sim 35 \mathrm{cm}$。而对于不存在障碍性层次沙质土壤来说，适宜耕作层深度为 $0 \sim 20 \mathrm{cm}$，因为沙质土壤的质地松散，土壤中的孔隙比较大，如果耕作深度太深会导致施入土壤的生产资料淋溶至下层，引起作物养分供应不足。

四、肥沃耕层构建意义

（一）肥沃耕层构建概念

采用农艺、农机相结合的方法，将能培肥土壤的外源物质深混到土壤中的一定土层深度，满足植物根系生长发育，达到土壤保存大气降水的容积和协调的供水能力，满足土壤保存养分和供应植物生长所需养分的要求的土层叫做肥沃耕层。把建立的这样一个土壤高效肥、水库容的土层过程，叫做肥沃耕层构建。

（二）肥沃耕层构建意义

黑土开垦后，由于有机物料投入少及水蚀、风蚀等因素导致耕地土壤有机质锐减，黏重的黄土母质成分增多，使优良的团粒结构被破坏，导致土壤水分物理性状变劣，水、热、气在土体内运行受阻。在东北黑土区，长期以来小型拖拉机和牛马犁耕作使农田耕作变浅，化肥和农药使用量增加，使土壤板结和孔隙度减少等，恶化了土壤物理性质。与开垦初期相比，开垦 40 年的黑土，土壤堆密度由 $0.79g/cm^3$ 增加到 $1.06g/cm^3$，总孔隙度由 69.7% 下降到 58.9%，田间持水量由 57.7% 下降到 41.9%；开垦 80 年后，三项指标进一步恶化，分别是 $1.26g/cm^3$、52.5% 和 26.69%，土壤质量退化严重。在很多的情况下，不良的农业耕作导致土壤物理性质恶化，改变土壤的水量平衡。当表层土壤团粒结构被破坏以后，土壤的压实作用可能进一步破坏 $10\sim30cm$ 土层的土壤结构。犁底层是在长期不合理耕作条件下形成的，主要存在于土体 $20\sim30cm$。犁底层的存在增加了土壤容重，减小了土壤的孔隙度，阻隔了降水的入渗进而影响了土壤的蓄水能力，同时增加了地表径流和土壤侵蚀的风险，导致土壤肥力下降，造成作物减产。改善黑土黏重的土壤质地和打破犁底层，加深耕层厚度，建设肥沃耕层，增加大气降水的入渗，提高蓄水保墒能力，对东北黑土区表层土壤流失后土壤肥力的恢复重建、退化黑土定向快速肥力培育，及东北黑土区农业可持续发展具有重要的现实和长远意义。

五、肥沃耕层构建原理

肥沃耕层构建能够满足作物生长的土壤空间条件和作物生育期内对水分及养分的需求。

（1）土壤耕作过程中将能够肥田的农业废弃物通过机械方式深混进入 $0\sim35cm$ 土层，形成肥沃耕层，改善了全层土壤结构，创造了适宜土壤孔隙，在降水时，水分能够向下移；干旱时，水分能够通过毛管运动向上移，能够增强土壤蓄水、保水和供水能力，调节土壤水分的丰缺，满足作物生育期对水分的需求。

（2）肥沃耕层构建过程中全层有机物料的投入能够均匀地增加 $0\sim35cm$ 土层中的养分库容，土壤结构改善后能够提高土壤中微生物活性，增加土壤养分的有效性，进而提高土壤的养分供给能力。

（3）肥沃耕层满足了作物生长的土壤空间条件。田间长期定位试验和长期观测证明玉米和大豆95％以上的根系分布在0～35cm，这部分土层能满足作物生育期内对水分和养分的需求，决定作物产量高低，过深或者过浅的土层都不利于作物高产和稳产。

（4）肥沃耕层具有"土壤水库"的功能，能够贮存上一季大气降水，供给当季作物利用，所以肥沃耕层构建能够调节不利气候条件对作物产量的影响，满足作物丰产的需求。

六、肥沃耕层构建方法和创新

（一）肥沃耕层构建方法

肥沃耕层构建是由中科院东北地理与农业生态研究所韩晓增研究员首次提出，并于2009年发表于《应用生态学报》上。肥沃耕层构建方法很多，在此列举6种。

1. 肥沃耕层构建方法1

秸秆施入20～35cm土层。秋季玉米收获以后将其秸秆粉碎，长度为1.0cm以下。在秋季翻地时翻开土壤0～20cm表层，将粉碎好的玉米秸秆均匀撒在翻开后的土层上，再用深松铲将20～35cm土层的土壤混匀，最后将0～20cm表土复原，在复原后的土壤上进行起垄，待来年春天播种。在这个过程中，玉米秸秆投放量7 500kg/hm²（烘干重）。

2. 肥沃耕层构建方法2

有机肥施入20～35cm土层。秋季将腐熟的猪粪或其他有机肥（不掺土）混匀备用。在秋季翻地时将土壤表层0～20cm翻开，把腐熟的猪粪或其他有机肥均匀撒在翻开后的土层上，用深松铲将20～35cm土层的土壤混匀，最后将0～20cm表土复原，在复原后的土壤上进行起垄，待来年春天播种。在这个过程中，腐熟的猪粪或其他有机肥用量7 500kg/hm²（烘干重）。

3. 肥沃耕层构建方法3

化肥施入20～35cm土层。秋季将土壤表层0～20cm翻开，将尿素和磷酸二铵按纯N 76.8kg/hm²，P_2O_5 55.2kg/hm²均匀地撒在翻开后的土层上，然后用深松铲将20～35cm土层的土壤混匀，最后将0～20cm表土复原，在复原后的土壤上进行起垄，待来年春天播种。

4. 肥沃耕层构建方法4

玉米秸秆全量一次性深混还田（图3-1）。

（1）收获。秋季玉米成熟后，利用联合收割机进行收获。

（2）灭茬。利用灭茬机进行灭茬，使秸秆均匀地抛撒在田面上，并保持秸秆长度小于5cm。

（3）构建0～35cm耕层。利用螺旋式犁壁犁进行土层翻转作业，土层翻转180°，作业深度为0～35cm，使平铺在田块上秸秆的翻转进入0～35cm土层。

（4）晾晒。天气晴朗的情况下，晾晒3～5d。

（5）耙地。利用圆盘耙对已经晾晒后的地块进行耙地，目的是破碎土块，将土壤与秸秆充分混合，达到秸秆深混还田的目的。

（6）旋耕起垄。利用联合整地机进行旋耕起垄作业。

| 收获 | 灭茬 | 深混 | 旋耕起垄 |

图3-1　肥沃耕层构建4田间操作步骤

5. 肥沃耕层构建方法5

有机肥激发秸秆深混还田（图3-2）。

| 收获 | 灭茬 | 抛洒有机肥 | 深混 | 旋耕起垄 |

图3-2　肥沃耕层构建5田间操作步骤

（1）收获。秋季玉米成熟后，利用联合收割机进行收获。

（2）灭茬。利用灭茬机进行灭茬，使秸秆均匀地抛撒在田面上，并保持秸秆长度小于5cm。

（3）利用有机肥抛撒机，在田面上进行有机肥抛撒，有机肥的施用量为22 500kg/hm²（烘干基）。

（4）构建0～35cm耕层。利用螺旋式犁壁犁进行土层翻转作业，土层翻转180°，作业深度为0～35cm，使平铺在田块上的秸秆和有机肥翻转进入0～

35cm 土层。

(5) 晾晒。天气晴朗的情况下，晾晒 3～5d。

(6) 耙地。利用圆盘耙对已经晾晒后的地块进行耙地，目的是破碎土块，将土壤与秸秆充分混合，达到秸秆深混还田的目的。

(7) 旋耕起垄。利用联合整地机进行旋耕起垄作业。

(二) 肥沃耕层构建创新

1. 土壤耕作深度

不同耕作深度土壤保水供水能力不同，通过监测黑土耕地 0～35cm 土层土壤蓄水供水能力得到，最优的耕作深度为 35cm。耕深 35cm 蓄水能力比免耕提高了 5.0%，比深耕 50cm 提高了 1.6%；土壤供水能力比免耕提高了 33.2%，比深耕提高了 4.2%。播种后出苗前土壤含水量，耕深 35cm 比免耕提高 5.1%，比深耕 50cm 提高 5.8%。出苗率最好的是耕深 35cm，大豆达到了 95.9%，玉米达到了 97.9%。大气降水利用效率耕深 35cm 处理最高，玉米为 13.9kg/ $(hm^2 \cdot mm)$，大豆为 5.7kg/ $(hm^2 \cdot mm)$。连续 3 年玉米产量，耕深 35cm 处理最高，平均值为 8 995kg/hm²，是免耕的 1.51 倍，比深耕 50cm 增产 18.7%。

2. 玉米秸秆全量还田与土壤混合深度

秸秆与土壤混合深度不同，影响土壤保水供水和出苗能力。以当地每年平均每公顷收获秸秆 10 000kg 为标准，采用机械措施，将玉米秸秆深混于 0～15cm、0～20cm、0～35cm 和 0～50cm 土层，通过监测 0～35cm 土壤蓄水供水能力发现，秸秆深混 35cm 是最优处理，其蓄水能力比浅耕提高了 10.2%，比秸秆深混 50cm 提高了 6.9%；土壤供水能力比浅耕提高了 45.1%，比秸秆深混 50cm 提高了 9.4%；播种后出苗前土壤含水量，秸秆深混 35cm 土壤含水量比浅耕提高 3.2%，比秸秆深混 50cm 提高 9.6%；大豆出苗率达到了 96.7%，玉米出苗率达到了 98.5%。大气降水利用效率秸秆深混 35cm 最高，玉米为 14.7kg/ $(hm^2 \cdot mm)$，大豆为 7.2kg/ $(hm^2 \cdot mm)$。连续 3 年玉米产量增加，秸秆深混 35cm 最高，平均值为 9 215kg/hm²，是浅耕的 1.62 倍，比秸秆深混 50cm 增产 19.8%。

3. 秸秆还田配施有机肥效应

以当地每年平均每公顷收获秸秆 10 000kg 为标准，然后配施 7 500kg 腐熟有机肥，混合后，采用机械措施深混于 0～35cm 土层。通过监测，3 年增施一次有机肥激发秸秆深混效果最优。以连续 3 年秸秆＋有机肥深混还田为一个周期，与 3 年中第 1 年秸秆＋有机肥深混还田、第 2 年免耕覆盖、第 3 年浅耕秸秆移除相比，第 1 年产量相近，第 2 年、第 3 年增加了 2.49％和 1.37％；连续 3 年实施有机肥＋秸秆深混还田，其玉米产量第 1 年比第 2 年增加了 27.11％，然后再继续实施有机肥＋秸秆深混还田后，玉米产量略有增加，说明连续秸秆＋有机肥深混还田对玉米产量的增加没有明显的提升作用，同时由于连续 3 年实施秸秆＋有机肥深混还田生产成本较高，从生态和效益两个角度看，3 年中实施一次有机肥激发秸秆深混效应较为经济。

第二节 保护性耕作技术

保护性耕作技术，是一种以农作物秸秆覆盖还田、免（少）耕播种为主要内容的现代耕作技术体系，能够有效减轻土壤风蚀水蚀，增加土壤肥力和保墒抗旱能力，提高农业生态和经济效益。

这一模式从 20 世纪 30 年代起源于美国。半个多世纪以来，继美国之后，加拿大、澳大利亚、巴西、阿根廷、俄罗斯及欧洲各国也纷纷采取行动，在机械研制、种植模式、生态修复等方面进行了有益探索，丰富和发展了保护性耕作技术。保护性耕作的核心技术是依靠地表覆盖秸秆解决风蚀和雨蚀，机械设备是实现这一模式的关键因素，这为我国保护黑土地提供了借鉴。

一、保护性耕作的起源与发展

（一）保护性耕作技术的起源

乌克兰大平原和美国密西西比河流域的黑土区地势平坦，20 世纪二三十年代，由于过度毁草开荒、破坏地表植被，水土流失严重，这两个地区相继发生破坏性极强的"黑风暴"，即一种特强沙尘暴，俗称"黑风"，大风扬起的沙子形成一堵沙墙，所过之处能见度几乎为零。它是强风、浓密度沙尘混合的灾害性天气现象。1928 年，"黑风暴"几乎席卷了乌克兰整个地区，一些地方的土层被毁坏了 5～12cm，最严重的超过 20cm。在美国，1934 年的一场"黑风暴"就卷走三亿立方米黑土，当年小麦减产 51 亿 kg，举国震惊。为保护黑土地免受侵害，国外两大黑土区都投入了大量人力、物力和财力，围绕合理规划土地和建立科学耕作制度等开展研究。

（二）保护性耕作的发展

40 多年来，通过营造农田防护林，采取保土轮作、套种、少耕、免耕等办法，充分发挥耕作措施与林业措施相结合的群体防护作用，两大黑土区土壤侵蚀防治效果良好，地力提升明显，农业呈现稳定发展态势。以美国为例，1994 年美国以联邦法规定易受侵蚀土壤必须开展保护性耕作，淘汰铧式犁翻耕，各种补贴政策也围绕保护性耕作制定，到 2017 年美国传统垄作占 14%、深松占 4%、少耕（条带耕作）占 27%、保护性休耕轮耕占 14%、连续免耕占 41%，可以看出免耕和条带耕作接近 70%。

耕地生产粮食，粮食安全是国家最基本的民生问题，耕地质量下降和数量减少，将对未来民族的生存发展造成"硬伤"，这种损失无法弥补和挽回，因为土壤不可再生。经过多年努力，我国东北地区保护性耕作取得明显进展，技术模式总体定型，关键机具基本过关，已经具备在适宜区域全面推广应用的基础。2020 年 2 月 25 日，农业农村部、财政部印发了《东北黑土地保护性耕作行动计划（2020—2025 年）》的通知，将东北地区（辽宁省、吉林省、黑龙江省和内蒙古自治区的赤峰市、通辽市、兴安盟、呼伦贝尔市）玉米生产作为保护性耕作推广应用的重点，兼顾大豆、小麦等作物生产。力争到 2025 年，保护性耕作实施面积达到 1.4 亿亩，占东北地区适宜区域耕地总面积的 70% 左右，形成较为完善的保护性耕作政策支持体系、技术装备体系和推广应用体系。

2021 年 6 月 30 日，农业农村部、国家发展和改革委员会、财政部、水利部、科学技术部、中国科学院、国家林业和草原局联发了《关于印发国家黑土地保护工程实施方案（2021—2025 年）的通知》，对保护性耕作进行新的诠释。《通知》中明确提出：实施保护性耕作。优化耕作制度，推广应用少耕免耕秸秆覆盖还田、秸秆碎混翻压还田等不同方式的保护性耕作。

二、土壤侵蚀的机理与治理

（一）土壤侵蚀机理

裸露的土壤才会产生风蚀和雨蚀，侵蚀现象有突发性的，也有积累性的，但都发生在裸露的土壤上。裸露、光滑、干燥、疏松的土壤易受侵蚀，由于焚烧秸秆与翻埋秸秆，耕地地表没有覆盖物，"刮风漫天灰尘，下雨满地泥土"，耕地的水土肥随水随风大量流失。

1. 风蚀

风力冲击地表卷起小颗粒，移动大颗粒的过程。易侵蚀耕地表面平滑、赤裸、疏松、干燥、土壤颗粒细小，没有秸秆挡风引起土壤风蚀。当风力从30km/h 提高到 50km/h 时，土壤侵蚀程度增加 3 倍。站立的秸秆比同量平倒在地表的秸秆防风蚀的效果更好，残余物越高越好。

（1）滚动。直径 $500\sim1\,000\mu m$ 的大颗粒即沙粒在风的冲击下不离开地面，在表面滚动。

（2）跃移。直径 $100\sim500\mu m$ 的颗粒即细沙，在离土壤 30cm 高度处作起落运动。

（3）悬浮。直径小于 $100\mu m$ 的土壤颗粒被大风刮起，悬浮在空中随风飘到很远的地方，形成沙尘暴。

2. 雨蚀

水蚀伴随着土壤颗粒从土块和地表分离出来而开始，雨滴对土壤的冲击是土壤颗粒分离的主要原因。雨滴溅起土壤颗粒随雨水下渗堵塞土壤孔道或裂隙，降低渗透能力，易形成径流。单个雨滴能量不大，集中的降雨具有巨大的能量。没有保护性覆盖物雨滴能飞溅土壤颗粒几十厘米远，降雨量或降雨强度超过渗透量时就会产生径流，坡地的水顺坡向流动带走土粒。

雨滴冲击地表会密封土壤表面并拍打紧实，干燥后形成结壳现象。被分离的小颗粒在下渗过程中堵塞土表孔隙，尤其是粉粒高的土壤更明显。新翻耕的土壤表土疏松，土壤颗粒更容易在雨水冲击下堵塞土表孔隙，影响渗水能力，最多可达 75％，增加径流。坡度越大、坡越长，水流越大，径流水冲过没有覆盖物的土表时，又会有更多的土壤颗粒被分离，泥水流冲出水蚀沟，水蚀沟下切加深变宽后大量破坏耕地。

（二）土壤侵蚀治理途径

既然地表裸露是形成侵蚀的原因，治理也应围绕地表覆盖来开展，坡度过大或干旱多风的脆弱生态区应该及时退耕还林、还草、还湿地。适合耕种的土地需要采取保护性耕作措施，让地表有 30％以上的秸秆覆盖，可以是深松耙地，也可以条带耕作或原垄卡。播种设备推广免耕精播机，带切刀和拨草轮，可以把苗带上的秸秆清理到两侧，为播种创造干净的苗带环境，同时苗带无秸秆可以提高土温，有利于早出苗。

三、保护性耕作及其特点

（一）保护性耕作

保护性耕作是指地表留有 30％以上秸秆覆盖的各种耕作方式，防止风蚀和雨蚀的效果可以达到 70％以上。保护性耕作的核心技术就是地表有秸秆覆盖，具体方式有深松耙地、垄作、条带耕作、免耕等方式，只要土壤紧实度在

20kg/cm² 以下，不必每年深松，既解决秸秆还田提升地力，又保证播种质量，降低整地成本。保护性耕作避免翻耕并禁烧秸秆，通过深松整地打破犁底层，加深耕层，增加土壤库容量，一次深松的效果可以持续几年，地表秸秆需进行地表秸秆粉碎作业，细碎的秸秆有利于提高条带耕作或耙地混拌效果，均匀分布的秸秆对提高播种质量十分有利。秋施肥设备和播种设备需要加装切刀和拨草轮，可以清理苗带，提高苗带土温，提高播种质量。为切透秸秆播种机每个开沟器上要有 200～220kg 的重量。

（二）保护性耕作的特点

1. 减少水土流失

地表覆盖秸秆遮风挡雨，降低地表径流，解决风蚀和雨蚀问题，减少了水分蒸发，提高了产量潜力，地表不板结。

2. 降低生产成本

如果土壤疏松，可以耙地混拌秸秆或条带耕作，比连年翻耕耙地更节省成本。

3. 打破犁底层

深松可以加深耕层到 35cm，土地就像没有底的超级大花盆。渗透、蓄纳雨水能力提高，抗旱涝效果好。

4. 改善土壤生物环境

深松只是在垂直方向"端抬"和"疏松"土壤，并不翻转搅拌，为蚯蚓等土壤生物的生存提供了良好的环境，不会把生土或底层的砾石翻到地表。

5. 提升土壤质量

土壤搅动少，有利于有机质和团粒结构形成和保持，提高宜耕性，提高土壤的保水保肥能力。

四、保护性耕作的技术模式

（一）原垄卡种

传统的原垄卡种是指焚烧秸秆，春天用打茬机灭掉茬管和玉米根，在苗带上用普通小型播种机播种。保护性耕作的原垄卡种是在有深松基础的耕地上实施的，坚硬的土壤原垄卡种无法体现出节本增效作用。由于需要秸秆覆盖，因此春季用带切刀和拨草轮的重型播种机播种，清理出苗带上的秸秆，既保证了有秸秆覆盖耕地的播种质量，又能提高苗带土温，如果秸秆立茬过多可以在播前用地面秸秆粉碎机作业一次，播种机带水平圆盘或 V 型推板，或切刀和拨草轮，安装在开沟器前清理苗带再播种（图3-3）。

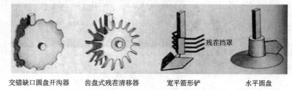

一、清垄装置

垄作播种机采用清垄装置（参见图25-1）将残茬、干土和杂草籽捡到垄间，在那里让后续的中耕机进行杂草防治。清开残茬有利于封土升温，这对于粘重土壤的早春播种是很重要的。

交错缺口圆盘开沟器　齿盘式残茬清移器　宽平箭形铲　水平圆盘

图3-3　原垄卡种

春季不扶垄以免跑墒，中耕时起垄灭草埋肥，一般中耕2次，第二次是埋肥作业，垄高20cm左右即可。

（二）条带耕作

适合平作的地区，要有深松35cm以上的整地基础，最好是在秋季进行地表秸秆粉碎，再用条带耕作施肥机清理出苗带并把肥料施入苗带中，经过冻融交替后春季播种质量高，出苗均匀，地温高长势好，但山坡地不宜顺坡播种，以免雨水顺苗带镇压后形成的浅沟向下流。这种方式在发达国家和我国吉林省梨树地区广泛使用，增产节本、培肥地力效果显著。

条带耕作施肥机的工作顺序：切刀（切秸秆）→拨草轮（清理苗带秸秆）→苗带耕作和施肥、覆土→碎土合墒。（图3-4为90马力*以上的机械带4行条带耕作施肥机，摄于吉林省梨树县八里庙村）。

图3-4　条带耕作机械作业

（三）深松耙地

属于基础整地方式，一般是在土壤板结坚硬，紧实度超过20kg/cm² 的土

---

* 1马力≈735W。

壤上进行，深松深度要超过犁底层。深松一般在 35cm 以上，以确保打破犁底层，增加渗透性和土壤库容，利于根系发育，让耕层如同没有底的超级大花盆。

　　深松效果好的设备有美国大平原的垂直深松机、凯斯联合整地机、法国贝松薄壁弯刀式深松机等，这些设备都是避免扰动土壤，只做垂直方向的端抬，端松土壤但不扰乱耕层结构，尤其是土层薄的地区和耕层底部有砾石或砂石的地区更有优势，这些地区一旦把石头和砂子翻到耕层内，则地力大幅下降，播种机械很难作业，损坏机械，甚至无法耕种（图 3-5）。

联合整地机　　　　　　大平原垂直深松机　　　　　贝松薄壁弯刀深松机

图 3-5　深松整地机械

　　经过深松作业的地块需要耙地整平，一般采用重耙交叉 2 遍作业，深松作业不会形成犁底层，耗能少，作业效率高，持效可达 3 年以上。收获时尽量避免轴载超过 15t 以上的大型机械进地，尤其不用大型翻斗汽车接粮，压实的车辙很难处理，对下年机械作业和作物生长造成严重影响。

　　耙地设备很多，效果较好的是大平原涡轮耙、贝松耙和一些直径 60cm 以上的重耙（图 3-6）。

图 3-6　耙地机械

　　耙地深度一般为耙片直径的 1/4 左右，要看耙串的角度调整和土壤紧实度。

耙平后进行秋施肥和秋镇压,第二年直接平播,平播需要有卫星导航系统。如果为散户种植抓阄分地或低洼易涝地可以起大垄,根据玉米收获机的割台设计垄宽,如50cm行距可以起110cm大垄,65cm行距可以起130cm大垄,大垄保墒效果明显优于小垄。

耙地由于70%左右的秸秆耙入土层15cm左右,还有30%左右的秸秆覆盖在地表,因此碎混的地块不适合起高垄,垄台高度15cm左右即可,垄高则垄沟内的秸秆被翻到垄台上,垄台上的秸秆量明显增加,不利于播种机作业。种子必须与土壤紧密接触,否则无法正常吸水萌发。过多的秸秆还会造成垄体透气跑墒,播种作业易拖堆。起垄后可进行秋施肥、秋镇压。

(四) 免耕

免耕就是避免耕作作业,除了播种、追肥、中耕灭草以外不进行其他整地作业。所有耕作措施中翻耕的成本最高,免耕的成本最低,其他模式介于这两者之间。吉林梨树12年免耕地块每平方米蚯蚓数量达到120条,土质疏松,0~20cm土层有机质增加12.9%,含水量增加20%~40%,保护性耕作减少水分蒸发的特点突显,作业产量增加5%以上,肥料下降8%以上。

免耕在寒冷地区易出现春季地温低的问题,尤其是秸秆量大的地块,一般是播后4周内地温比翻耕低0.4~1.6℃(不同土壤、不同年份数据不同)。春涝年份易引起播期延迟和出苗慢,美国北部邻近加拿大的寒冷地区免耕表现减产,但在温度好的南部地区则是增产,说明寒冷地区春季地温对出苗影响很大,垦区地处我省2~5积温带,只有秸秆量较少的地块才适合免耕,秸秆覆盖率50%以上的地块不推荐免耕,建议条带耕作。

五、保护性耕作的技术关键点

(一) 不同区域采用不同的保护性耕作方式

地表有秸秆覆盖,普通的小型播种机播种质量会受影响。美国北部和加拿大以及吉林梨树开展的条带耕作非常适合寒冷地区,条带耕作只清理苗带20cm左右,其余部分有秸秆覆盖,既能解决侵蚀问题,又能使苗带干净,有利于播种和提高土温,秋季条带耕作施肥效果明显好于春季条带清理秸秆作业,秋季作业通过冻融交替土壤疏松散碎,播种出苗质量更好。

(二) 选择早熟、矮秆的玉米品种

一是为了减少秸秆量。保护性耕作整地是在秋天,秸秆粉碎要求干燥,秸秆量不宜过多,最好选择早熟、矮秆品种如德美亚1号和3号,耙地后地表秸

秆细碎分布均匀，不影响播种作业。条带耕作一般不限定品种，但最好是矮秆品种，防止倒伏，倒伏的玉米不仅收获困难，下年条带耕作难度也非常大。一些晚熟玉米秸秆量大，成熟晚，收获后秸秆湿不易粉碎，耙地后地表秸秆易成堆，影响播种作业，高秆晚熟玉米需进行化控，防止秸秆量过大。二是保障作物正常成熟。耙地碎混的方式地表秸秆覆盖率超过 30％，播后一个月左右的耕层土壤温度偏低。三是保证播种质量。晚熟品种秸秆水分含量高，对秋整地尤其是地表秸秆粉碎作业和耙地影响大，最终影响下年的播种质量；早熟玉米收获时秸秆干燥，抛撒后细碎均匀，整地质量和播种质量易控制。

（三）保护性耕作必须使用免耕播种机械

由于地表与耕层中存在大量的秸秆，播种机械必须带切刀或拨草轮，才能确保播种质量。

第三节　有机肥堆制施用技术

有机肥，是指主要来源于植物和（或）动物，经过发酵腐熟的施于土壤以改善土壤肥力、提供植物营养、提高作物品质为主要功能的含碳物料。

一、畜禽粪便堆制有机肥技术

（一）堆制流程

将畜禽粪便与秸秆按照比例（依据当地有机肥资源情况自定比例）充分混匀后，浇足水（材料含水量以 60％～70％，即手握成团，触之即散的状态为宜），然后每立方米加 2～3kg 生物发酵剂，再次充分混匀。

将已经充分混匀后的物料，堆放在已选好的（地基坚实向阳处）场地上，堆放时以自然状态，不要用力压紧。

堆的大小一般为长 2～3m，宽 2m，高 1.5m，堆过大对管理和施用不便，过小不易发酵。

堆好后立即用塑料布封严。一是保肥、保湿，如不封严氮的损失达 17％～20％；二是有利环境卫生、防蚊蝇。

当温度达到 60～65℃，此时可以进行翻堆，然后每隔 7d 左右倒一次，共倒 3～4 次。发酵时间，一般在夏季 20～25d，春秋季 35～40d，冬季长达 2 个月以上。发好的秸秆肥具有黑、乱、臭的特点，有黑色汁液和氨臭味，湿时柔软，有弹性；干时很脆，容易破碎。

（二）堆腐条件的控制

腐熟过程，是微生物活动的过程。因此堆腐条件也是为微生物活动创造条件。

一是水分。水是微生物生命活动必须物质之一。同时堆肥材料首先必须吸水软化后，才能被微生物分解。水分过多、过少均抑制微生物活动，而影响腐解。一般堆内水分含量保持在 $50\%\sim70\%$，冬季酌减。应注意的是，常常因堆内高温后水分消耗的多，要及时补水。因此最好在升高温以前，就保持堆内足够的水分，这是很重要的。

二是通气。堆肥的腐熟发酵，主要靠好气性微生物如氨化细菌、硝化细菌、纤维素分解细菌等，当通气不良，好气微生物活动繁殖受到抑制，不易升温；通气过分，不利保温、保肥。

三是养分。微生物维持生命活动与繁殖要消耗必要的养分和能量。常以碳、氮之比值为指标，按微生物的需要量是每吸收碳 $25\sim30$ 份时，就要有一份氮消耗掉，因此一般指的 C/N，$(25\sim30):1$ 为基本标准。碳、氮比值过小，说明氮多（养料多），而碳少（能量少），造成氮的积累，对微生物活动则有抑制作用。若比值过大，达到了 $(60\sim80):1$ 则表明堆肥材料中植物残体量过大，而含氮多的人、畜粪尿量少，这种情况下应调整堆积材料的比例，即适量加入尿素等含氮化肥，以保证微生物氮的营养，有利于微生物活动，加速发酵腐熟。各种有机物碳氮比值如下：稻草 $(62\sim67):1$，麦秆 $98:1$，玉米秸秆 $63:1$，泥炭 $(16\sim22):1$，大豆秸秆 $37:1$，苜蓿 $18:1$，杂草 $(25\sim45):1$，人粪 $(12\sim13):1$，畜粪 $(15\sim29):1$。

四是 pH。微生物所要求适宜的酸、碱度环境是微碱性（pH $7.0\sim7.5$），当 pH <5.5 或 pH >8.8 时均不利于微生物活动。有机肥在分解初期释放大量有机酸，使 pH 下降。当分解产生 NH_3 逐渐增加及 C/N 逐渐变小，pH 又有回升，但高达 8.0 以上时，又易引起 NH_4^+ 分解，因而使氮挥发损失，此时可加入新鲜的植物性的材料，利用分解有机酸来调节。在 pH 低时要加入石灰和草木灰等碱性物，使 pH 提高。总之为微生物创造良好酸、碱环境条件，促进微生物旺盛活动，有利于分解腐熟。

（三）有机肥的施用

利用抛撒车将有机肥施入农田，一般每公顷施用量 30t 以上。

二、秸秆生物堆腐造肥及施用技术

秸秆生物堆腐造肥是将作物秸秆利用生物制剂处理发酵后施入土壤。

（一）适宜条件

（1）秸秆资源丰富，有剩余秸秆。

（2）有合适场地，配备翻倒等机械。

（3）要求有水源，便于造肥。

（二）秸秆处理

1. 秸秆粉碎堆腐模式

选择合适场地，将收获时粉碎的秸秆，每1 000kg加3～5kg腐熟剂、5kg尿素（或加入一定量的畜禽粪便），视秸秆含水情况补充水分（发酵材料混拌时的水分应加到60%左右）后混拌均匀，视场地情况堆成堆，一般要求堆宽1.5～2m，堆高1.5～1.6m，长度不限；在秸秆堆上用农膜盖严。当堆内温度上升到60℃以上，未超过70℃，发出酒香味长出白毛后翻动发酵物，待温度重新上升到60℃以上，隔5～7d倒1次，翻动2～3次即可。结合整地施入土壤，每公顷用量30t左右。

2. 秸秆整秸堆腐模式

选择合适场地，堆前将秸秆用水浸透，按干秸秆与水1∶1.8加水，一般以手攥秸秆滴水为宜。每1 000kg秸秆配腐熟剂3～5kg，尿素5kg。堆肥分三层堆积，一二层各厚60cm，第三层40cm。分别在各层上撒腐熟剂和尿素，其用量比自下而上为4∶4∶2。一般要求堆宽1.5～2m，堆高1.5～1.6m，长度不限，用农膜封严，防止水分蒸发、堆温扩散和养分的流失。

第四节　坡耕地治理技术

东北黑土区的坡耕区多处于低山丘陵和漫川漫岗地形地貌，开垦后多为顺坡垄作，加之夏季单峰集中降水，坡耕地发生坡面和沟道侵蚀，黑土层变薄，耕地切割破碎，土地生产能力严重下降，危及粮食安全和生态安全。黑土的不可再生性决定了其保护的重要性和紧迫性，治理坡耕地水土流失，保护黑土资源势在必行，刻不容缓。坡耕地治理技术包括工程、农艺和生物治理技术。

一、横（环）坡打垄技术

改顺坡或斜坡垄作为沿等高线垄作，其工作原理是通过改变垄向将垄向坡度降低为接近水平，降雨汇集到垄沟内的径流动能显著降低，延长了径流路程，增加了入渗时间，以此降低水土流失，是各项水土保持的基础（图3-7）。

图 3-7 横（环）坡打垄效果图

（一）适用范围

典型黑土区和低山丘陵区顺坡或斜坡垄作坡耕地。

（二）布设原则

一是需全坡面耕地上布设。二是不完整的耕地需修整后改垄。三是实施期应在秋收后。

（三）工程设计

通过等高改垄，即沿等高线起垄，将垄向降为接近零度，使得降雨汇聚在垄沟内的径流势能近为零，阻止或减缓径流冲刷，进而控制水土流失，属水土保持工程措施。

（四）施工方法

1. 地形图的获取

1∶10 000 地形图，或用无人机航测获取 1∶2 000 地形图。

2. 耕地修整

秋收后，将改垄区所有坡地修理平整，包含土埂、排水沟和土道等，然后用大中型拖拉机将土地全部旋松。

3. 放线

在耕地坡中部位水平放线，遵循大弯就势，小弯取直，插标志杆。

4. 等高起垄

利用大中型拖拉机，沿放的水平线起垄，然后依次打垄。

5. 辅助措施

一是如是山地，最好在与耕地相接壤的林缘处修筑环形截留埂，导排山水，阻止进地。二是如有小型侵蚀沟，需先填埋后再行改垄；遇大中型侵蚀沟，需结合侵蚀沟治理，将其作为排水沟。三是如坡度大于3°，配合地埂植物带或环坡梯田。四是实施后的环坡打垄，宜采用高矮作物条带种植，提高防控能力。

二、垄向区田技术

垄向区田技术是通过专用区田犁在最后一次中耕后，在坡耕地上利用专用区田犁，沿垄沟间隔横向筑埂，形成一个个连续的小蓄水池，存纳雨水，增加入渗时间，进而起到阻止径流，降低土壤流失的作用，属水土保持耕作技术，由东北农业大学研制，并在黑龙江省大面积推广应用（图3-8、图3-9）。

图3-8　垄向区田机具

图3-9　垄向区田实施后效果

（一）适用范围

顺坡或斜坡垄作坡耕地。

（二）布设原则

（1）坡耕地上沿着垄向每隔一定距离在垄沟内修筑的高度略低于垄高的水

土保持耕作措施。

（2）结合最后一次中耕和秋整地起垄后实施。

（3）土挡应从坡上向下连续修筑。

（三）工程设计

（1）在单位面积土地上最佳挡距能最大限度地拦截降雨量，即最佳土挡距离应与单位面积的最大穴容积相对应（表3-1）。

表3-1 不同垄向坡度最佳挡距对应表

垄向坡度	最佳挡距（m）
0.1°	5
0.5°	2.5
1.0°	1.5
2.0°	1.2
3.0°	1.0
4.0°	0.8
5.0°	0.7
6.0°	0.6

（2）坡耕地为单一坡度时，采用单一挡距；坡耕地坡度变化时，根据测量坡度实时调整挡距。

（3）土挡结构，土挡拦蓄垄沟降雨径流，其拦蓄效果和承受能力与土挡的结构紧密相关。在垄沟中修筑的土挡，顺垄方向横断面为倒梯形，纵断面为正梯形。

（四）施工方法

人工筑挡时，采用镢头开挖浅穴，修筑垄台并用脚踏实；机械筑挡时，采用垄向区田机与中耕机铧犁配套实施，利用坡度调节器调节挡间距。浅穴底部若达到水平状态比倾斜状态可多挡蓄降雨，不论顺坡垄或斜坡垄均以取垄沟上坡土向下堆成土挡为宜。

三、秸秆覆盖全量还田条耕技术

秸秆地表覆盖免耕技术是美国20世纪针对防治水土流失保育土壤质量研发的保护性耕作技术，已在全世界大面积应用。针对东北黑土区气候冷凉，在秋季实施秸秆覆盖全量还田后，创造疏松条带种床，春季种床温度与传统耕作相近，作物出苗和生长不受影响，不减产，同步实现了秸秆全量还田、降低水土流失、提升了土壤质量。属水土保持耕作措施。

（一）适用范围

适用所有的坡耕地，同时也可在除涝洼地外的平地上实施应用。

（二）布设原则

（1）作物机械收获同步粉碎秸秆，喷撒全量覆盖于地表。

（2）秋收后实施。

（3）种植下茬作物不受措施影响。

（三）工程设计

（1）原苗带上实施条耕，不改变垄向、垄距。

（2）条耕前需灭茬。

（3）条耕深不少于 20cm，宽不宜超过 20cm。

（四）施工方法

1. 机械收获

机械收获作物籽实的同时，将秸秆粉碎抛撒于田面。

2. 机械灭茬

利用灭茬机，将垄台根茬粉碎，秸秆移至垄沟处，垄台漏出表土。

3. 条耕

利用条耕犁，沿原垄台线实施条耕，形成间隔疏松种床（图 3-10）。

图 3-10　条耕作业

4. 播种

第 2 年春播时利用免耕播种机，在种床上播种。

5. 中耕管理

除喷洒除草剂、叶面肥、杀虫剂外，不进行任何中耕作业。

四、侵蚀沟秸秆填埋复垦技术

东北黑土区是我国沟蚀最为严重的区域之一，据最新公布的第一次全国水利普查水土保持情况公报（2013 年），东北黑土区侵蚀沟道共计 295 663 条，绝大部分生成于耕地中，造成耕地支离破碎，减少耕地面积，区域整体毁地 0.5%，阻碍机械行走。耕地中的侵蚀沟危害最大，治理需求最为迫切。东北黑土区 50% 的侵蚀沟长和面积分别小于 329.1m 和 0.42hm²，易于治理。黑龙江省农垦系统在耕地侵蚀沟填埋实践中逐步形成了利用秸秆填埋侵蚀沟的方法，在水利部松辽水利委员会科技专项的支持下，中国科学院东北地理与农业生态研究所协同地方院所和农场，对秸秆填埋侵蚀沟加以总结、提炼，并加入了暗管、截留埂和渗井措施。本项侵蚀沟秸秆填埋复垦技术是在进一步中试和示范验证的基础上提出的，依此申报的"一种侵蚀沟复垦技术"获国家授权发明专利（ZL 201310652348.4），该技术被纳入《水利部农业综合开发东北黑土区侵蚀沟综合治理和黄土高原塬面保护实施规划（2017—2020 年)》（水保〔2017〕12 号)，并在黑土地保护试点宁安项目区实施（图 3-11）。

（一）适用范围

适用于水土流失严重地区的沟毁耕地再造并恢复种植。

（二）布设原理

（1）应在面积较大、集中连片的坡耕地中或其边缘中小型侵蚀沟布设。

（2）布设应与坡面水土流失综合治理相结合。

（3）应在汇流较小的侵蚀沟上布设，可用沟深小于 2m 的指标判断。

（4）排水以土壤垂直入渗地下暗管排水为主，汇水股流较大的，应辅以截留埂和渗井垂直导水于暗管，增强排水能力。

（三）工程设计

秸秆填埋侵蚀沟复垦应遵循以下基本原则：

（1）变侵蚀沟道地表股流为地下秸秆层和暗管排水。

（2）暗管铺设于整形后沟底中部，秸秆层下，暗管直径 20cm，应依据洪峰股流量增大或缩小暗管直径。

（3）秸秆填埋后上层留出 50cm 空间覆土掩埋。

（4）表层覆土来自沟道整形从沟道中挖出的土，挖土量应满足上层覆土 50cm 土量要求。

（5）沟道整形宽度应随整形前沟道自然宽度变化，应分成若干宽度断面。

（6）沟道整形后的沟道深度应满足挖土量，结合宽度确定。

（7）拦截埂和渗井的布设应依据复垦沟洪峰股流量和复垦后沟道区域入渗能力测算。

（8）复垦沟附近有富余的秸秆资源，就近秸秆打捆。

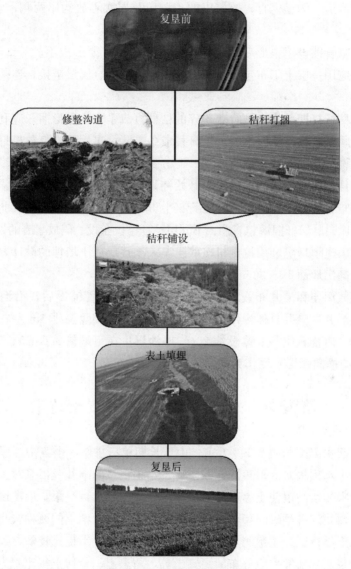

图3-11　侵蚀沟复垦前后

（四）施工方法

（1）沟道整形放线应遵循设计的小弯取直大弯就势的设计原则，沿复垦前的沟道自然线确定整形沟道线；依据表层覆土50cm所需土量和沟道截面设计特征，分段确定整形后的沟深和沟宽，并在相应位置沟岸间隔打标志桩。

（2）整形挖土采用挖掘机沿线并按标志桩规定深度和宽度将侵蚀沟道修正成长方体沟道，沟壁笔直；挖掘出的土壤应分层次堆放沟岸两侧，表土在下，底土在上。

（3）暗管铺设于整形后的侵蚀沟道底部中央，要形成不少于 2% 的比降，暗管表面应用一层土工布包裹，暗管间用带表皮的金属线链接，连接处用土工布包封。

（4）秸秆打捆是将机械收获粉碎的秸秆打成紧实的方形捆，应利用盘式搂草机先将收获后粉碎覆于地表的秸秆搂成条带状，再用秸秆打包机打成方形紧实的达到设计要求的秸秆捆。

（5）秸秆捆沿侵蚀沟道的一端开始铺设，从底层向上逐层铺设，最底层先横向紧挨暗管铺设，第二层先在暗管正上方横向铺设一个秸秆捆，此后依次铺设，应遵循同层秸秆捆横竖兼顾、不同层秸秆错位布设、码放紧凑的设计要求。

（6）表土填埋仍利用挖掘机按底土至表土逐层还土填埋的设计要求，填埋后表土应高出地面 10～20cm。

（7）截溜埂和渗井布设应依据设计的位置，暗管铺设后，沿沟向间隔约50m 布设渗井，渗井具体操作为用秸秆捆横向码成间隔两排 1m 左右宽等同沟宽的空间，内置石块，上铺设约 20cm 厚沙层；在下端修筑高 20～50cm 宽不少于 2m 的横向弧形土埂作为截溜埂。

第五节　水田耕层保育与节水技术

黑龙江水田面积约 6 000 万亩，由于长期单一耕作，土壤耕层厚度逐渐变薄，限制了水稻根系的垂直伸展，阻碍了水稻根系的下扎及根系对土壤的固持作业，有限的空间也使土壤养分供给量降低，作物生育受限，后期倒伏现象时有发生。黑龙江种稻时间相对较短，水田土壤形成水稻土的面积较小，大部分还保持原土类特征，土壤肥力差异较大，有的肥力水平仍比较低，如三江平原分布的白浆土，松嫩平原分布的黑钙土等，与黑土、草甸土相比肥力一直处于较低水平，提升土壤肥力水平，构建合理的水田耕层厚度，构建肥沃稻田土壤对增加粮食产量意义重大。

一、水田合理耕层构建技术

所谓合理耕层是具有能使作物达到最佳生长状态的耕作层结构和质量，包括耕层厚度、结构、土壤养分等。

养分与土壤类型密切相关，而耕层厚度则随种稻年限变化很大。黑龙江种稻历史较短，水田土壤在某种程度上仍保持着原始土壤的发生学特征。种植水稻的土壤主要包括黑土、白浆土、草甸土、沼泽土和少部分盐碱土等。黑土开垦为旱田耕地后，土壤有机质分解加剧、水土流失严重，黑土层变薄、肥力迅速下降。改为水田后，在周期性水层的保护下，有效地减缓了土壤有机质分解矿化，水土流失也得到控制，土壤肥力退化、黑土层变薄也得到缓解。但随种稻年限增加，各类土壤限制水稻生长的问题日益突显。

黑土水田土壤板结、紧实度增加、耕性下降问题十分严重。尤其是近年来，水稻种植户为便于水稻机械插秧而广泛采用旋耕整地技术，导致水田耕层变浅。据调查水田耕层平均厚度不足 15cm，有的甚至不足 10cm。耕层浅是影响水稻单产提高的重要原因之一；另外由于农业机械湿耕、湿收等作业，造成土壤压实严重，土壤结构被破坏，通透性下降等问题也十分突出。

白浆土黑土层薄，有白浆层，是水田土壤的天然犁底层，但白浆土由于长期浅耕使土壤有效耕层变浅，黑土层没有得到完全利用，逐渐变为犁底层，导致根系生存空间变小，土壤养分总储量下降；另外白浆土由于表层粉沙含量高，土壤易板结和淀浆。

草甸土、沼泽土均属于低湿土壤，这类土壤土质黏重、湿、软、凉，由于土壤所处地势低洼，排水性不良，土壤长期处于饱和状态，不易犁底层的形成，不具备水田特殊的土壤层次结构，水稻发苗晚；水田排水能力差，影响科学的水分管理，使土壤长期处于还原状态，导致土壤中 Fe、S 等物质被活化，形成有毒物质，毒害水稻根系，威胁水稻生育，降低水稻产量；即使在秋季，由于不能及时排除地表水，影响机械适时收获，给农业生产带来风险；土壤潜在肥力高，但养分供给高峰迟，易导致水稻贪青晚熟，米质差。

盐碱土种稻最关键问题是土壤盐分含量高，对作物产生危害，盐碱土种稻要注重水分管理，通过水分管理降低耕层盐分含量。

针对上述各类水田土壤存在的不同问题，要采用不同的改良技术，通过适宜的农业工程技术，构建适应水稻生长的合理耕层，提高根系生存空间质量。

（一）黑土合理耕层构建技术

适当加深耕层，使耕层厚度达到 15～20cm。具体技术如下：第 1 年采用深翻犁翻耕 20cm 左右，越冬后来年春季旋耕，泡水整地；第 2 年翻耕（或旋耕）15cm 左右，越冬后来年春季旋耕（或不旋），然后泡水整地；第 3 年正常旋耕越冬，来年泡水整地；第 4 年再进行翻耕 20cm 左右，如此每 3 年一个耕作循环。

（二）白浆土合理耕层构建技术

一方面要适当加厚耕层，使黑土层得到利用，增加单位面积养分总储量；另一方面要培肥白浆土，改善土壤结构。具体技术如下：第 1 年秋季在地表散布有机肥或秸秆，通过深翻犁翻耕黑土层 15～20cm，越冬后来年春季旋耕，泡水整地；第 2 年秋季在地表散布有机肥或秸秆，通过深翻犁翻耕黑土层 15cm 左右，越冬后来年春季旋耕，泡水整地；第 3 年正常旋耕越冬，来年泡水整地；第 4 年再进行翻耕 20cm 左右，如此每 3 年一个耕作循环。

（三）低湿土壤合理耕层构建技术

这类土壤要注重耕层排水，即要排除明水，晒田或收获时排除土体内水分。具体技术如下：一是通过深松机械秋季深松 25～30cm，同时在水稻生育期间采用间歇灌溉的水分管理技术。二是通过稻壳深松机械秋季深松 25～30cm，并将稻壳作为疏水物质，施到 25～30cm 土层，保持土壤有大的蓄水、渗水通道，同时在水稻生育期间采用间歇灌溉的水分管理技术，促进耕层土体内水分下渗。三是采用暗管工程排水与耕作技术相结合的综合排水技术。具体如下，用挖沟机挖 30cm 宽、深度 70～80cm 的沟，沟底坡度为 1/100，在沟中铺设带孔 PVC 管，上面铺 20cm 厚的秸秆（或稻壳或细沙），然后将挖出的土按原土层回填，暗管头与排水渠相接，设置阀门，管间距 10m；在水稻生育期间配合田间排放水打开或关闭阀门。地上采用深松、稻壳深松技术，作业方向与暗管铺设方向垂直，形成横纵交错排水体系。

低湿土壤改土技术促进土体排水，利用形成犁底层，向水稻土合理土体结构的方向转变，同时促进有机质分解，提高土壤养分有效性。

（四）盐碱土种稻技术

盐碱土种稻不宜深耕，耕层深度 10cm 左右即可，每年可采用旋耕技术，松动或加深耕层，易使下层盐分随水分上升到耕层；盐碱土种稻要有完善的排灌设施，保证田间随灌随排，达到真正洗盐、排盐目的，每 3d 排、灌一次，盐碱土种稻要长期保有水层。排水不畅或排不出水的地区不适合种稻。

二、水稻秸秆还田技术

稻田秸秆还田重点做好秸秆粉碎与抛撒、整地和田间管理。秸秆还田要保证秸秆粉碎和抛撒均匀，因全喂入收割机（C120 和久保田 988Q 机型较好）

多数抛撒不均匀，最好留 20～25cm 高茬（茬高太高不利于整地），剩余部分直接粉碎并抛撒在田间。而半喂入收割机相对而言粉碎效果较好，粉碎后直接抛撒在田间。秸秆还田后宜采用翻旋结合的整地方式（深翻 1 年，打白茬两年），如果秋季土壤适合耕作（土壤饱和含水量的 45%～65%），可以深翻18cm 左右或者用反旋埋茬机深旋 18cm 左右。第 2 年春天进行水整地，水整地时不要灌大水，以免整地过程中秸秆大量漂浮。如果秋季土壤含水量不适宜整地，则秸秆留在田间，第 2 年春天直接灌水泡田，然后打白茬。水整地后直接插秧。水稻秸秆还田后腐解过程中会产生还原性物质，从而抑制水稻生长。因此，水稻秸秆还田后不能长期淹水，必须采用干湿交替的灌溉方式。同时，如果土壤酸度较高，秸秆还田还应该配合施用钙镁磷肥等碱性物质，以减轻还原性物质危害。北方稻田秸秆腐解较慢，因此水稻秸秆还田并不需要增加前期氮肥用量，保持正常施肥即可。

三、水田节水灌溉技术

水田节水最重要的是工程节水，防止渠、埂渗漏；其次稻田节水灌溉也是水田节水的重要环节。在黑龙江水田土壤中，除盐碱土节水灌溉要慎重外，其余土壤均可采用节水灌溉技术，在水稻分蘖期、孕穗期、灌浆期需保有水层外，其余生育时期均可浅—湿—干间歇灌溉，如在孕穗期遇低于 17℃ 温度，可加深水层。盐碱土要注重勤灌水、勤排水。

第六节　科学施肥技术

科学施肥主要包含测土配方施肥、机械侧深施肥、水肥一体化、大豆接种根瘤菌等施肥方式方法，以及应用缓释肥等新肥料新品种。

一、测土配方施肥技术

（一）测土配方施肥的基本原理

肥料是作物增产的物质基础，合理科学施肥是提高作物产量的重要措施，为了最大限度地发挥施肥的作用，除必须考虑作物的营养特性、土壤肥力条件、肥料特性及气象条件之外，还要熟知施肥的基本原理。

测土配方施肥是以养分归还（补偿）学说、最小养分律、同等重要律、不可代替律、肥料效应报酬递减律和因子综合作用律等为理论依据，以确定每种养分的施肥总量和配比为主要内容。为了补充发挥肥料的最大增产效益，施肥必须与选用良种、肥水管理、种植密度、耕作制度和气候变化等影响肥效的诸因素结合，形成一套完整的施肥技术体系。

1. 养分归还学说

养分归还学说是 19 世纪由德国著名化学家李比希提出，主要内容有以下几点：

（1）作物每次收获，从土壤中带走大量养分。作物生产上无论是收获经济产量还是生物学产量，均会从土壤中带走植物生长发育所吸收的大量养分。

（2）若不补充土壤养分，地力会逐年降低。李比希认为：如果不能对土壤养分进行有效补充，作物产量会逐年下降，地力也会最终消耗殆尽。虽然土壤中的养分被植物吸收之后会有一部分难以吸收的养分转化为植物可以吸收的有效养分来维持土壤中不同形态养分的平衡，但若一直不对土壤中的养分加以补充，土壤会越来越贫瘠。

（3）要恢复并保持土壤肥力，必须归还从土壤中带走的养分。李比希主张用化肥来补充土壤中的缺失的养分，为化肥的施用奠定了理论基础。

2. 最小养分律

最小养分律是李比希在试验的基础上提出来的，大致可以归纳为：作物为了生长发育需要从土壤中吸收各种养分，但是其产量由土壤中相对含量最少的那种所需元素所决定，如果不及时补充这一元素，即使继续增加其他营养元素，也难以提高产量。最小养分是从相对含量来说的，并不是指土壤中绝对含量最少的养分。

（1）决定作物产量的并不是土壤中绝对含量最少的养分。无论养分的绝对含量多少，作物对每种必需营养元素的需求都有一个适宜的范围。与适宜范围比较，相对含量最少的元素就是最小养分。

（2）最小养分是会随条件变化而变化的。当作物生长的某一阶段最小养分得到补充之后，作物长势会有明显的提升，对其他营养元素的吸收量会提高，这时其他营养元素可能会成为最小养分。

3. 同等重要律和不可替代律

在作物所需的必需营养元素中，无论是大量元素还是微量元素，对于作物来说都是同等重要的，缺一不可。不同的元素都有其不同的生理功能，缺少任何一种必需元素，植物都不能完成其正常的生长发育，因此，各种必需元素都同样重要。同时，缺少了任何一种必需元素，作物会出现相应的症状，只有补充这一元素，缺素症状才会减轻或者消失，其他任何一种元素都不能替代其作用。

4. 报酬递减律

报酬递减律的主要含义：从一定土地上所获得的报酬会随着向该土地投入的劳动和资本量的增加而增加，但当投入达到一定限度后，随着投入的继续增加，报酬的增加速度会逐渐降低。许多学者通过试验也发现：随着施肥量的逐渐增加，作物产量也随之增加，但产量的增加量会随着施肥量的增加呈现递减趋势。

5. 环境因子综合作用

作物的生长发育和产量形成，不仅受到养分因子的影响，而且受土壤、水分、温度、光照、微生物、品种特性及栽培措施的影响。这些综合的生态环境条件不仅直接影响着作物的生长发育和产量，同时对施肥的效果也有很大影响，进而影响作物产量。

（二）测土配方施肥方法

1. 土壤养分丰缺指标法

土壤养分丰缺指标法是经典的测土配方施肥方法。其具体做法是利用土壤普查的土壤养分测试资料和田间的测土分析数据，结合农民的经验将土壤肥力分成若干等级，根据各种养分丰缺等级确定适宜的肥料种类并估算出用量。此方法的核心是测土，即通过对土壤养分的测定，判定相应地块土壤养分的丰缺程度并提出施肥建议，同时用建立在相关校验基础上的测土施肥参数和指标指导施肥实践。此方法的优点是简单易行、快捷、廉价并具有针对性，可服务到每一地块，提出的肥料种类和用量接近当地群众的经验值，农民也容易接受。

2. 养分平衡法

养分平衡计量法早在 20 世纪 60 年代就引进我国，这种方法虽然为国内外学术界所公认，但由于养分平衡计算公式中的"土壤供肥量"要通过田间不施肥区的作物产量来推算，对"经验"仍然有较大的倾向性。

这种方法的优点是概念清楚，容易理解、掌握和推广，但也存在部分问题：

一是由于土壤养分供应量受其他条件影响较大，年份间差异较大。

二是肥料利用率变化较大，不同肥力水平、不同施肥量、不同水分管理条件等因素都会影响肥料利用率，因此设定一个地区统一的肥料利用率可能不太合理。

三是作物养分吸收量要用作物目标产量和作物养分含量来计算，而作物目标产量估算没有客观的指标和方法，一般根据前三年的平均产量来估算，数据不全时计算结果会有误差。

（三）测土配方施肥的应用

目前关于作物测土施肥的方法很多，但由于各种原因，真正应用于生产实践的并不多。土壤养分丰缺指标法、养分平衡法是生产上应用较为普遍的方法。

水稻施用氮、磷、钾大量元素时要综合运用土壤养分丰缺指标法和养分平衡法。首先测定出土壤速效氮、速效磷和速效钾水平，确定丰缺状况，根据丰缺状况决定是否施肥。如果确定应该施肥，那么就要解决施多少的问题，通过养分平衡法推算在预期产量目标情况下的实际施肥量。

作物对微量元素的敏感性差异较大，缺乏与丰富之间的范围又较窄，因此在土壤微量元素丰缺判定和推荐施肥中用的最为普遍的是一个土壤微量元素的丰缺临界值。测试值高于此临界值则土壤不需要施微量元素。

施肥量＝（目标产量所需养分量－土壤供肥量）÷当季肥料利用率÷肥料养分含量

（四）配方形式

1. 完全配方

根据土壤检测结果，结合当地实际种植情况，一个地块一个配方套餐，每家每户都不相同。肥料施用情况完全根据每一个地块的测土结果进行补充，同时肥料的使用方法及使用时间按照肥料提供单位的技术人员指导使用。

2. 区域配方

以县、乡为单位，根据当地土壤养分状况、气候特点、种植水平等因素，制定出适合特定区域的配方肥料。可以按照乡（镇）或县（市）来划分区域，统一制定配方，同时根据每年测土结果和土壤养分变化情况，3～5 年更新一次配方，农户可根据专业农技人员的推荐选择施用。

3. 建议配方

对于部分种植农户比较分散、肥料市场混乱、农户购买肥料品种多样，无法大面积推广、统一测土配方施肥的区域，相关专业农技人员可根据当地具体情况，在农户购肥时，结合土壤检测结果、当地农户不同的施肥习惯和肥料选择，制定相对科学、合理的肥料使用建议，推荐专用配方肥或老三样等的建议配方。

（五）操作流程

测土配方施肥工作包括土样采集与处理、土样检测、配方制定、技术培训、肥料配置与生产、肥料配送、田间指导、开现场会等八个具体步骤。这八个步骤环环相扣，紧密衔接，确保测土配方施肥技术应用效果。

二、水田机械侧深施肥技术

水稻侧深施肥技术起源于日本，20世纪90年代引入我国。所谓侧深施肥，就是在水整地后的水田上应用安装施肥侧深装置的插秧机，在插秧作业同时将肥料均匀、定量地施在植株侧下方后覆泥的一种基肥施肥方法。肥料的位置在秧苗根侧3～5cm，深4～6cm。使用的肥料以圆形颗粒为主，粒径2～5mm为宜，颗粒均匀、硬度宜大于20N、比重接近，手捏不易碎、不易吸湿、不黏、不结块。其特征：一是施基肥作业和插秧作业同时完成，比传统全层施肥作业节省一半劳动时间。二是肥料位置集中分布在植株根侧方，易于被土壤吸附，减少肥料损失，提高肥料利用率，基肥用量可减少20％～30％，节约成本，提高效益。三是侧深施肥溶解到水体中氮素浓度低，可有效控制田面藻类繁殖，也有利于减轻环境负荷。四是侧深施肥属于集中施肥，肥效快，可替代返青肥，苗期生育旺盛，分蘖多，有利于确保收获穗数。五是应用缓效性肥料配合侧深施肥，可以实现全量基肥一次施用，为轻简化施肥提供技术支撑。

建议采用侧深施肥技术如下。方式1：采用基追配合施肥方式，侧深施肥70％氮＋全部磷肥和50％的钾肥，穗肥施用30％氮和剩余的钾肥。肥料中小颗粒尿素易吸湿潮解造成堵塞，因此不能在机械施肥中应用，其他易潮解的肥料，和容易粉碎脱粉的肥料不宜用于测深施肥。方式2：采用一次性施肥方式，采用市场上适合机械应用的长效掺混肥。

三、玉米水肥一体化技术

水肥一体化技术是一种将灌溉技术与配方施肥技术相结合的农业技术。依据玉米需水量与需肥规律结合土壤条件、气候条件，将玉米所需的各种肥料养分与灌溉水按比例混合，通过滴灌系统运输到玉米根系发育生长区域，宜时宜量地满足玉米水肥需求。该项技术能够节水省肥同时减轻劳动力，提高肥料利用率，达到作物产量与品质均良好的目标。

（一）建立滴灌系统

在设计方面，根据地形、田块、单元、土壤质地、作物种植方式、水源特点等基本情况，设计管道系统的埋设深度、长度、灌区面积等。水肥一体化的灌水方式可采用管道灌溉、喷灌、微喷灌、泵加压滴灌、重力滴灌、渗灌、小管出流等。特别忌用大水漫灌，这容易造成氮素损失，同时也降低水分利用率。

（二）施肥系统

在田间要设计为定量施肥，包括蓄水池和混肥池的位置、容量、出口、施肥管道、分配器阀门、水泵肥泵等。

（三）选择适宜肥料种类

可选液态或固态肥料，如氨水、尿素、硫铵、硝铵、磷酸一铵、磷酸二铵、氯化钾、硫酸钾、硝酸钾、硝酸钙、硫酸镁等肥料；固态以粉状或小块状为首选，要求水溶性强，含杂质少，一般不应该用颗粒状复合肥（包括中外产品）；如果用沼液或腐植酸液肥，必须经过过滤，以免堵塞管道。

（四）灌溉施肥的操作

1. 肥料溶解与混匀

施用液态肥料时不需要搅动或混合，一般固态肥料需要与水混合搅拌成液肥，必要时分离，避免出现沉淀等问题。

2. 施肥量控制

施肥时要掌握剂量，注入肥液的适宜浓度大约为灌溉流量的 0.1%。例如灌溉流量为 $50m^3/$亩，注入肥液大约为 50L/亩；过量施用可能会使作物致死以及环境污染。

3. 灌溉施肥的程序分 3 个阶段

第一阶段，选用不含肥的水湿润；第二阶段，施用肥料溶液灌溉；第三阶段，用不含肥的水清洗灌溉系统。

（五）适宜条件

1. 适宜的生产条件

应选择土层深厚、肥力中等以上，整地达到"平、松、碎、净、齐"五字标准，灌排方便的水浇田。同时施足底肥，严防地下害虫。

2. 机械配套

水肥一体化机械应配置数据采集传感器，可根据天气及土壤墒情等数据结果控制施肥浓度、灌溉时间和灌溉量；覆盖面积大，一套机械可管理 100 亩以上面积地块，提高作业效率及机械利用率；配备多个供肥通道，除提供作物生长所需营养物质外，可根据土壤 pH 添加酸或碱以及肥料稳定剂，预防肥口堵塞等问题。

3. 作物品种

玉米选择丰产、抗逆性强的中晚熟优良玉米杂交种。选用纯度 95％以上、净度 98％、发芽率不低于 90％、含水量在 13％以下的种子。

4. 适宜的地区

技术适宜地区为配套有大型机械的国有农场及大型合作社，有利于技术实施及推广。

四、大豆接种根瘤菌技术

在大豆种植中，采用生物固氮技术是大豆生产大国的成功经验，根瘤菌剂接种面积占种植面积的 30％甚至 60％以上，有的达到 100％，而我国的根瘤菌接种率不足 3％。美国、加拿大、阿根廷、巴西等国大豆单产均超过我国，施肥措施上不用氮肥，只用根瘤菌和适量施用磷钾等矿质肥。巴西大豆总产量在世界上仅次于美国位居第二，推广的根瘤菌接种技术每年可节约超过 20 亿美元的进口氮肥费用。我国大豆种植施用氮肥，单产却位列第八位，过量氮肥施用造成环境潜在污染。使用根瘤菌剂，可减少因长期使用化肥对土壤结构造成的破坏、水源污染，同时节省能源、改良土壤。

（一）轮作与整地

选择地势平坦、耕层深厚、排水良好、肥力较高、不重茬不迎茬地块。无深松或深翻基础的地块，进行伏、秋翻或耙茬深松整地，及时搞好镇压，达到待播状态。有深翻深松基础的地块，可进行秋耙茬，耙平耙细。春整地时要做到翻、耙、耢、压连续作业。

（二）品种选择及处理

品种根据当地生态类型和市场需求，因地制宜选择矮秆或半矮秆，秆强不倒的品种。种子播前要进行精选种子质量达到二级良种以上标准。播种前用已登记过的大豆种衣剂包衣，防治地下害虫、二条叶甲和根腐病。未包衣处理的种子，可选用钼酸铵、硼钼微肥或锌肥等进行拌种。

（三）施肥

每公顷施有机肥（有机质含量 8％以上）15t 以上，结合整地做底肥一次施入。种肥采用测土平衡施肥技术，做到氮磷钾和微量元素合理搭配，尿素根据地力少施或不施；叶面追肥，大豆长势较弱时，在大豆初花期及结荚期每公顷用尿素 5～10kg 加磷酸二氢钾 2～3kg 溶于 500kg 水中喷施，并根据需要加入微量元素肥料。

（四）大豆根瘤菌拌种方法

1. 常规拌种

用量一般为每亩约 15mL（或按照使用说明书选择用量），首先将大豆根瘤菌剂及保护剂均匀混合后，即刻喷洒在种子表面，迅速进行均匀混拌，确保每粒豆种表面都黏上足够数量的大豆根瘤菌，即种子表面有潮湿感，此时相当于每千克种子用约 3mL 菌液。

2. 土壤接种

土壤接种是将根瘤菌剂喷/撒在垄沟内或种子下方 3～5cm 处，这样种子萌发出幼根即可接触到菌剂，有利于提高接种根瘤菌的占瘤率，增加固氮量。

（五）播种

地温稳定通过 7～8℃时开始播种，中南部 4 月 25 日—5 月 10 日，北部和东北部 5 月 5 日—15 日。密度根据品种特性、肥水条件及栽培方式而定。一般每公顷保苗 30 万～40 万株。播种质量做到播种均匀无断条，及时搞好镇压。

（六）田间管理

当大豆拱土时，进行铲前深松或趟一犁。出苗后及时铲趟，做到两铲一趟或两趟，实现节能少耕，铲趟伤苗率小于 3％。后期拔净大草。化学除草禁用长残效除草剂，根据杂草种类，采用播后苗前土壤封闭处理或茎叶处理。

（七）病虫害防治

做好病虫害预报，注意观察田间蚜虫、红蜘蛛、大豆食心虫、草地螟、大豆灰斑病、根腐病、孢囊线虫等病虫害发生，及时采用相应药剂进行防治。

（八）收获

人工收获，落叶达 90％时进行；机械联合收割，叶片全部落净、豆粒归圆时进行，保证收获质量。

五、玉米大垄侧深分层施用缓释肥料

在玉米优势产区，采用种肥同播机将种子与底肥一次性施入土壤。优先选用包膜型缓释肥料或在氮肥中加入脲酶抑制剂和硝化抑制剂，抑制尿素水解和铵态氮硝化的稳定性肥料，同时，增施微生物菌剂。

（一）技术内容

玉米播种时，采用大垄双行播种技术，把原有的 65cm 或 70cm 的两条小垄整合成一条长达 110cm 或者 130cm 的大垄。并在这条大垄上种植两行玉米，让株距处于 55～65cm 的范围内，而具体株距要依照所选品种与土壤肥力水平来进行具体调整，采用大垄双行技术，可有效提高土壤保水保墒能力，提高玉米出苗率以及干旱年份玉米抗旱能力，提高作物产量及品质；在大垄双行栽培基础上，应用侧深施肥技术，将玉米底肥施入种子侧下方 5cm、深 10cm 处，促进作物根系发育及养分吸收，提高肥料利用率，同时，优先选用包膜型缓释肥料或在氮肥中加入脲酶抑制剂和硝化抑制剂，抑制尿素水解和铵态氮硝化的稳定性肥料并增施微生物菌剂，降低肥料养分流失、减少环境污染的同时，进一步提高肥料利用率，达到作物减肥增效的目的。

（二）操作规范

1. 玉米氮磷钾肥施用方法

玉米氮肥种肥施用 30％～40％，追肥施用 60％～70％，磷、钾肥与微生物菌剂全部种肥施用。采用机械化播种施肥同步作业条件下，肥料应在种子侧下方 5cm、深 10cm。追肥应在植株一侧垄沟开沟深施并覆土。

2. 玉米高产栽培方法

采用大垄双行技术进行玉米播种，应优先选用根系发达、养分吸收能力强、后期养分转移效率高的玉米品种进行种植；同时起垄高度应在 15cm 左右，有效提高玉米种子出苗率。

3. 精准土壤样品采集技术及测土配方施肥方法

土壤样品采集应利用遥感分区方法，选取具有代表性的样点进行精准土壤样品采集；同时以土壤测试及肥力田间试验结果为基础，根据作物需肥规律、土壤供肥能力和肥力效应，提出氮、磷、钾肥及微生物菌剂等肥料的施用品种、数量、时期、次数和方法。

（三）适宜条件

1. 生产条件

技术试点地区应为集约化经营与大型农机具联合作业，采取全流程机械化作业方式，统一经营管理，充分发挥大型机械联合作业的优势。

2. 机械配套

技术试点地区应配套玉米侧深施肥播种机，并将现有垄帮追肥机械进行改造升级为垄沟追肥机械。

3. 作物品种

作物品种应选用适合试点地区积温条件的根系发达、养分吸收能力强、后期养分转移效率高的玉米品种进行种植，以提高肥料利用率及作物产量。

4. 适宜的地区

技术适宜地区为配套有大型机械的国有农场及大型合作社,有利于技术实施及推广。

(四) 实施效果

该项技术实施后,可有效提高土壤保水保墒能力,提高作物出苗率以及作物抗旱能力,同时提高肥料利用率,减少肥料损失及浪费,达到减肥 5%～10%,增产 5%～10%的效果。

第四章
黑龙江省黑土保护区域技术模式

　　2015 年中央 1 号文件《关于加大改革创新力度加快农业现代化建设的若干意见》中明确提出：开展东北黑土地保护试点。农业农村部、财政部下半年在东北 4 省区 17 个县（市、区、旗）启动了东北黑土地保护利用试点，为东北黑土地实施综合保护利用开创先河。2016 年 5 月，习近平总书记在黑龙江省考察时强调，"要采取工程、农艺、生物等多种措施，调动农民积极性，共同把黑土地保护好、利用好"，为东北黑土地保护利用指明方向，进一步推动了东北黑土地综合保护利用工作进程。2018 年中央财政加大对黑土地保护工作支持力度，扩大保护利用实施范围。4 省（区）从 17 个试点县中遴选出 8 个县开展整建制推进工作（其他 9 个县退出项目），新增加 24 个县开展保护工作，实施项目县增至 32 个。试点项目资金由第一批的 5 亿元/年扩增到 8 亿元/年。东北黑土地保护利用试点引领带动地方各级政府加大东北黑土地保护利用工作力度。2018 年黑龙江省成立以省委、省政府分管领导为组长的黑龙江省黑土耕地保护推进落实工作小组，黑龙江省人民政府办公厅出台了《黑龙江省黑土耕地保护三年行动计划（2018—2020 年）》，到 2020 年建立黑土耕地保护示范区 1 000 万亩。

　　2015—2017 年，黑龙江省有 9 个县（市、区）实施东北黑土地保护利用试点。2018 年从第一批的 9 个县（市、区）遴选出 4 个县（市）实施整建制推进，新增 11 个县（市、农场）开展保护工作。试点项目资金由第一批的 2.6 亿元/年扩增到 3.8 亿元/年。各级农业部门会同科研、教学单位指导项目县，坚持以解决不同地形地貌、气候特点、土壤类型、种植制度条件下的黑土地突出问题为导向，依托已有科研成果，因地制宜地将秸秆与有机肥还田控污增肥、深松耕与少免耕蓄水保墒、控制土壤侵蚀固土保肥、米豆轮作养地补肥、科学施肥用药节肥节药等农艺、农机、工程、生物等多项技术措施优化组装，集成创新并示范推广，取得了明显效果。第一、二批试点项目区土壤监测数据显示，各项指标均达到预期目标，实现了耕地用养结合。项目区土壤有机质含量平均提升 3% 以上，旱田耕层厚度平均达到 30cm 以上，耕地质量平均提高 0.5 个等级以上。

为进一步推广东北黑土地保护利用集成技术模式，黑龙江省根据黑土地的地形特征、自然条件、存在的突出问题、种植制度，以及农业生产和农业资源等因素，将黑土地划分为平原旱田、坡耕地、风沙半干旱及水田等 4 个类型区，实行分类施策、综合治理、重点保护，形成 4 大类型区 8 个主推黑土地保护利用集成技术模式。

第一节　平原旱田类型区

平原旱田类型区主要分布在三江、松嫩平原中东部，主要土类为黑土、黑钙土、草甸土、白浆土。该区地势平坦，土壤有机质普遍下降，耕作层不优，犁底层变厚，土体构型不良，存在障碍层；玉米连作土壤养分偏耗大。建立以玉米—大豆为中轴的二二制或三三制科学轮作制度；实施秸秆全量翻埋、碎混还田，以及秸秆覆盖还田；采取种养结合方式，发展畜牧业，增加有机肥施用，培肥地力。主推的黑土地保护利用集成技术模式 4 个。

一、玉米连作区两翻半免修复退化黑土地集成技术模式

（一）技术原理

秋季玉米收获后采用秸秆粉碎机进行二次破碎，采用五铧犁将秸秆深翻入 0～35cm 土层，打破犁底层，增加耕层厚度，同时增加秸秆还田深度，降低秸秆在土壤表层的比例，有效解决秸秆浅还导致的春季土壤跑墒问题。通过秸秆深翻还田能够有效增加土壤有机质和养分，改良土壤结构，促进微生物活力和作物根系的发育。秸秆覆盖条耕技术，能够减少机械作业成本。该项技术模式通过秸秆全量还田，恢复和提升耕地地力，促进作物增产提质，实现节本增效，同时有效解决秸秆焚烧或出田引起的一系列生态环境问题，一举多得。

（二）适用范围

本模式适于松嫩平原中东部第一、二积温带，常年降雨量 500～600mm，中厚层退化黑土、黑钙土和草甸土耕地，土地面积大，集中连片，具有大型农

业机械的地区。

（三）操作要点

本模式以 3 年为一个循环周期。第 1 年和第 2 年均采用玉米秸秆深翻还田技术，第 3 年采用玉米秸秆覆盖条耕技术。

1. 第 1 年和第 2 年种植玉米，实施秸秆深翻还田技术

（1）地块选择。平原土地连片区。

（2）粉碎秸秆。秋季收获时，采用秸秆粉碎机将秸秆二次粉碎，长度小于 10cm，均匀抛撒地表。

（3）深翻还田。采用 200 马力以上的机车牵引五铧犁进行深翻作业，翻耕深度 30～35cm，将秸秆全部翻混于 0～30cm 或 0～35cm 土壤中，保证不出堑沟，表面很少见到外露的秸秆。

（4）重耙作业。深翻作业完成后，晒垡 3～5d 为土壤降湿度，再用重耙机呈对角线方向耙地 2 次，耙地后保证无立垡、无坐垡、残留的秸秆及根茬翻压干净。

（5）整地作业。重耙作业后，使用旋耕机进行旋耕起垄一次性作业，然后进行镇压，至待播种状态。

（6）播种。

a. 选用良种。要选用经审定推广的增产潜力大、耐密植的优良品种，生育期所需活动积温应比当地平均活动积温少 200℃，保证品种在正常年份能够充分成熟，并有一定的时间进行田间脱水。种子质量要达到纯度不低于 96%，净度不低于 99%，发芽率不低于 90%，含水量不高于 16%。用种量要比普通种植方式多 15%～20%。

b. 播种时期。当耕层 5～10cm 的地温稳定通过 7～8℃时抢墒播种，播种期一般在 4 月 20 日—5 月 1 日。采用机械精量播种后进行镇压，镇压后播深达 3～4cm。

c. 种植密度。根据玉米品种特性和水肥条件确定，高水肥地块种植宜密，低水肥地块种植宜稀，每公顷保苗 5.5 万～6.5 万株。若采用密植通透栽培可适当增加密度，每公顷保苗 6.5 万～7.5 万株。

（7）施肥。玉米施肥应遵循底肥为主、追肥为辅和化肥中氮、磷、钾按比例施用的原则。在生产过程中应依据地力等条件实施测土配方施肥。配方肥中氮、磷、钾比例为（2.5～2.8）:1:（0.8～1.1），磷、钾肥的全量深施做底肥，氮肥的三分之一或二分之一做底肥，余下的氮肥在玉米 7～9 片叶时做追肥施入。

标准垄种植：每公顷施用 45％复合肥 150～187.5kg，磷酸二铵 150～187.5kg，钾肥 120～150kg，追施尿素 375～450kg。或磷酸二铵 225kg，钾肥 150～187.5kg，追施尿素 450kg。

密植栽培：每公顷施用 45％复合肥 225kg，磷酸二铵 187.5～225kg，钾肥 120～150kg，追施尿素 150kg。或磷酸二铵 262.5～300kg，钾肥 187.5～225kg，追施尿素 450～525kg。

采用机械分层深施肥技术。底肥深度 15～20cm，种肥施在距种子 5～6cm 的侧下方，深度 8～10cm。

（8）化学除草。选用广谱性、低毒、残效期短、效果好的除草剂。一般用乙草胺，即每公顷用 90％的乙草胺 1 500～1 750mL，兑水 400～600kg 喷施，进行苗前全封闭除草。在玉米 3～5 叶期，杂草 2～4 叶期茎叶喷雾，每公顷用 4％玉农乐 750～1 200mL 加 40％阿特拉津胶悬剂 1 200mL 兑水 450～750kg。

（9）虫害防治。6 月中下旬，平均 100 株玉米有 30 头黏虫时达到防治指标，可用菊酯类农药防治，每公顷用量 300～450mL，兑水 450kg。在玉米大喇叭口前期，玉米螟防治指标达到百株活虫 80 头时，每公顷用 3.5％锐丹乳油 225mL，拌细砂 150kg，每株 2.5～3g 进行防治。

（10）病害防治。玉米的主要病害有大斑病、丝黑穗病和茎腐病等，防治玉米病害最基本的途径是选用抗病品种，经过审定推广的玉米品种对这些病害都具有一定的抗性。

（11）机械收获。玉米进入完熟后，使用带粉碎装置的联合收割机进行收获，对秸秆进行第一次破碎。

2. 第 3 年种植玉米，实施秸秆覆盖条耕技术

（1）条耕，创建无秸秆带。采用条耕机在秸秆粉碎后田块上进行条耕作业，条耕机的组件切盘将作物秸秆切开的同时，切入土壤表层 8～10cm。条耕机的组件拨草轮将秸秆残茬拨向两侧，形成 25cm 宽度无秸秆带。

（2）播种。播种技术与第 1 年和第 2 年相同，具体见上文。

（3）施肥。施肥技术与第 1 年和第 2 年相同，具体见上文。

（4）田间管理。田间管理技术与第 1 年和第 2 年相同，具体见上文。

（四）效益分析

1. 成本投入

第 1 年和第 2 年实施秸秆深翻还田技术，两年投入成本较常规共增加 180

元/亩，第 3 年实施秸秆条耕技术，投入成本较常规减少 10 元/亩。

2. 经济效益

对于 6 年以上未进行玉米秸秆深翻还田或深松的平地，玉米秸秆深翻还田后第 1 年平产或略有减产，但低洼易涝地块可增产 5%～8%；对于 6 年以内进行玉米秸秆深翻还田或深松的地块，玉米秸秆深翻还田后可增产 5%～10%。

此技术模式第 1 年平产；第 2 年、第 3 年平均每年增产玉米 50kg/亩左右，增加经济效益 62 元/亩（玉米价格按 1.24 元/kg 计算），秸秆还田第 2 年可减少 5% 的化肥投入，每亩节约 9 元。第一个循环周期，节本增收 133 元/亩，尚不能弥补新增作业成本 170 元/亩。下一个循环周期将实现盈利，增加纯收益 67.8 元/亩。随着耕地地力恢复提高，将带来更大的经济效益。为此，实施此模式初始阶段需国家大力扶持。

3. 生态效益

一是可以改善土壤的物理性状，增加耕层厚度，提高土壤有机质含量。二是减少了秸秆焚烧、无序堆放等现象，对环境保护具有明显作用。

4. 社会效益

黑土耕地质量得到恢复和提升，经济效益会逐年增加，农民的收入将不断增多，保护黑土地和农业可持续发展将进一步实现。

二、农牧交错区种养结合保护黑土地技术模式

（一）技术原理

充分利用农牧交错区畜牧业发达、畜禽粪便资源丰富的优势，将部分地块秸秆离田黄储喂饲，或直接与畜禽粪便堆沤，形成有机肥再进行还田。通过逐步实施秸秆深翻还田配施有机肥，打破犁底层，增加耕层厚度，快速提高耕层土壤养分和水分库容，扩大作物根系的生长空间，促进作物生长。

（二）适用范围

本模式适用于松嫩平原第一、二积温带，常年降雨量 500～600mm，中厚层退化黑土、黑钙土和草甸土耕地，畜牧业发达的农牧结合区。

（三）操作要点

玉米秸秆深翻还田与畜禽粪便堆沤还田相结合。第 1 年种植玉米，秋季收获后秸秆离田黄储喂饲，秸秆离田的地块进行旋耕；第 2 年种植玉米，秋季收获后进行秸秆和有机肥深翻还田；第 3 年种植玉米，秋季收获后进行秸秆深翻

还田。

1. 第 1 年种植玉米，实施秸秆离田、旋耕技术

（1）地块选择。平原土地连片区。

（2）秸秆离田。采用打包机进行秸秆离田。

（3）整地作业。使用旋耕机进行旋耕起垄一次性作业，然后进行镇压，至待播种状态。

（4）有机肥堆沤。将畜禽粪便与秸秆按照比例充分混匀后，浇足水（材料含水量以 60%～70%，即手握成团，触之即散的状态为宜），然后每立方米加 2～3kg 发酵剂，再次充分混匀。将已经充分混匀后的物料，堆放在已选好的（地基坚实向阳处）场地上，堆放时以自然状态，不要用力压紧。堆好后立即用塑料布封严。一是保肥、保湿，如不封严氮的损失率达 17%～20%；二是有利于改善环境卫生、防蚊蝇。当温度达 60～65℃，此时可以进行翻堆，然后每隔 7d 左右倒一次，共倒 3～4 次。发酵时间，一般在夏天 20～25d，春秋季 35～40d，冬季长达 2 个月以上。发好的秸秆肥具有黑、乱、臭的特点，有黑色汁液和氨臭味，湿时柔软，有弹性。干时很脆，容易破碎。

（5）播种。

a. 选用良种。要选用经审定推广的增产潜力大、耐密植的优良品种，生育期所需活动积温应比当地平均活动积温少 200℃，保证品种在正常年份能够充分成熟，并有一定的时间进行田间脱水。种子质量要达到纯度不低于 96%，净度不低于 99%，发芽率不低于 90%，含水量不高于 16%。用种量要比普通种植方式多 15%～20%。

b. 播种时期。当耕层 5～10cm 的地温稳定通过 7～8℃时抢墒播种，播种期一般在 4 月 20 日—5 月 1 日。采用机械精量播种后进行镇压，镇压后播深达 3～4cm。

c. 种植密度。根据玉米品种特性和水肥条件确定，高水肥地块种植宜密，低水肥地块种植宜稀，耐密品种每公顷保苗 5.5 万～6.5 万株，稀植品种每公顷保苗 4.0 万～5.0 万株。若采用密植通透栽培可适当增加密度，每公顷保苗 6.5 万～7.5 万株。

（6）施肥。玉米施肥应遵循底肥为主、追肥为辅和化肥中氮、磷、钾按比例施用的原则。在生产过程中应依据地力等条件实施测土配方施肥。配方肥中氮、磷、钾比例为（2.5～2.8）∶1∶（0.8～1.1），磷、钾肥的全量深施做底肥，氮肥的三分之一或二分之一做底肥，余下的氮肥在玉米 7～9 片叶时做追肥施入。

（7）化学除草。选用广谱性、低毒、残效期短、效果好的除草剂。一般用乙草胺，即每公顷用90％的乙草胺1 500～1 750mL，兑水400～600kg喷施，进行苗前全封闭除草。在玉米3～5叶期，杂草2～4叶期茎叶喷雾，每公顷用4％玉农乐750～1 200mL加40％阿特拉津胶悬剂1 200mL兑水450～750kg。

（8）虫害防治。6月中下旬，达到玉米黏虫防治指标时（平均100株玉米有30头黏虫以上时），可用菊酯类农药防治，每公顷用量300～450mL，兑水450kg。在玉米大喇叭口前期，玉米螟防治指标达到百株活虫80头时，每公顷用3.5％锐丹乳油225mL，拌细砂150kg，每株2.5～3g进行防治。

（9）病害防治。玉米的主要病害有大斑病、丝黑穗病和茎腐病等，防治玉米病害最基本的途径是选用抗病品种，经过审定推广的玉米品种对这些病害都具有一定的抗性。

（10）机械收获。玉米进入完熟后，使用带粉碎装置的联合收割机进行收获，秸秆打包离田。

2. 第2年种植玉米，实施秸秆与有机肥深翻技术

（1）秸秆粉碎。秋季收获时，采用秸秆粉碎机械将秸秆二次粉碎，长度小于10cm，均匀抛撒地表。

（2）有机肥抛撒。利用抛撒车将有机肥均匀施入地表上，每公顷施用无害化有机肥45m³以上。

（3）深翻还田。采用200马力以上的机车牵引五铧犁进行深翻作业，翻耕深度30～35cm，将秸秆全部翻混于0～30cm或0～35cm土壤中，保证不出堑沟，表面很少见到外露的秸秆。

（4）重耙作业。深翻作业完成后，晒垡3～5d为土壤降湿度，再用重耙机呈对角线方向耙地2次，耙地后保证无立垡、无坐垡、残留的秸秆及根茬翻压干净。

（5）整地作业。重耙作业后，使用旋耕机进行旋耕起垄一次性作业，然后进行镇压，至待播种状态。

（6）播种。播种技术与第1年相同，具体见上文。

（7）施肥。施肥技术与第1年相同，具体见上文。

（8）田间管理。田间管理技术与第1年相同，具体见上文。

（9）收获、粉碎。玉米进入完熟后，使用联合收割机进行收获，同时对秸秆进行第一次破碎。

3. 第 3 年种植玉米，实施秸秆深翻还田技术

（1）秸秆二次粉碎。秸秆二次粉碎技术与第 2 年相同，具体见上文。

（2）翻压还田。翻压还田技术与第 2 年相同，具体见上文。

（3）重耙作业。重耙作业技术与第 2 年相同，具体见上文。

（4）整地作业。整地作业技术与第 2 年相同，具体见上文。

（5）播种。播种技术与第 1 年和第 2 年相同，具体见上文。

（6）施肥。施肥技术与第 1 年和第 2 年相同，具体见上文。

（7）田间管理。田间管理技术与第 1 年和第 2 年相同，具体见上文。

（8）收获。玉米进入完熟后，使用联合收割机进行收获，进行秸秆第一次粉碎。

（四）效益分析

1. 成本投入

施用有机肥 $3m^3$/亩，增加成本投入 300 元/亩，深翻还田每年每亩增加成本投入 80 元，一个循环周期新增投入 460 元/亩。

2. 经济效益

此技术模式第 1 年玉米产量不增不减；第 2 年、第 3 年平均增产玉米 100kg/亩，增收 124 元/亩（玉米价格按照 1.24 元/kg 计算），一个循环周期增收 248 元/亩，但未能抵消新增投入 460 元/亩，需政府给予支持。进入第 2 个循环周期，年均增产玉米 120kg/亩，同时减少 15% 的化肥投入，年均节本 28 元/亩。一个循环周期不仅增产粮食 360kg/亩，还实现节本增收 70.4 元/亩。随着耕地质量的不断提升，生态环境改善，农产品产量和品质逐年提高，不仅能实现"藏粮于地"，经济效益也会逐年增加。

3. 生态效益

通过技术模式的推广能够快速培肥土壤，显著改善土壤结构。同时扩大了秸秆全量还田的面积，实现了畜禽粪便合理利用，杜绝了随意堆放，使乡村空气清新，环境净化，减少污染。

4. 社会效益

通过模式的连续实施，黑土耕地质量将得到恢复和提升，实现藏粮于地和农业可持续，农民也将逐步增加收入，调动农民种植玉米积极性，推动当地经济发展，提高农业种植水平。

三、米豆轮作区肥沃耕层构建模式

（一）技术原理

通过玉米季秸秆深翻还田打破犁底层，增加耕层厚度，提高土壤中的养分和水分库容，结合米豆轮作系统中大豆根系具有改善土壤结构，增加土壤水稳性团聚体的功能，调控土壤的物理性质，增加土壤蓄水和供水能力；同时大豆可以通过共生固氮减少氮肥的施用。

（二）适用范围

适用于黑龙江省第三、四、五、六积温带，土壤质地较黏重的黑土、草甸土耕地。

（三）操作要点

1. 第 1 年种植玉米，实施玉米秸秆深翻还田技术

（1）地块选择。平原土地连片区。

（2）良种选择。根据当地的气候、土壤等条件因地制宜地选用高产、抗病性、适应性强的品种，生育期所需活动积温比当地常年活动积温少 $100 \sim 200℃$ 的优良品种等。

（3）种子处理。

a. 发芽。在播前 10d 进行发芽试验。

b. 晒种。在播前 $5 \sim 7d$ 进行晒种，利用晴天将种子摊薄晒 $2 \sim 3d$。通过晒种可增加种皮的透性，增加酶的活性，增强种子的发芽势，可提早出苗 $1 \sim 2d$，出苗整齐。

c. 筛选。将晾晒的种子通过筛选，去掉小粒、秕粒、破损粒和杂粒，纯度不低于 98％，净度不低于 98％，发芽率不低于 90％，含水量不高于 14％。

d. 种子包衣与药剂拌种。用已登记的正规厂家生产的玉米专用种衣剂进行种子包衣，预防地下害虫和玉米丝黑穗病。并严格按照种衣剂说明进行，保证拌种质量，严防发生中毒等事件。玉米丝黑穗病重的地块，可用 2％立克秀可湿性粉剂按种子重量的 0.4％拌种。

（4）播种。$5 \sim 10cm$ 耕层地温稳定通过 $7 \sim 8℃$ 时抢墒播种可将种子药剂处理后用玉米精量点播机等距播种，公顷播量 20kg，播深为镇压后 $4 \sim 5cm$，并做到深浅一致，覆土均匀。种植密度：株型收敛秆强抗倒伏的品种，公顷保苗 6 万～6.5 万株，种植株型平展的品种，公顷保苗 5 万～6 万株。

（5）施肥。玉米的施肥应遵循底肥为主、追肥为辅和化肥中氮、磷、钾按比例施用的原则。在生产过程中应依据地力等条件实施测土配方施肥。配方肥中氮、磷、钾比例为（2.5～2.8）∶1∶（0.8～1.1），磷、钾肥的全量深施做底肥，氮肥的三分之一或二分之一做底肥，余下的氮肥在玉米7～9片叶时做追肥施入。

（6）田间管理。在播种后出苗前，及时检查地块，如发现粉种、烂芽，用已催好的大芽坐水补种。幼苗长到2.5～3.0片叶时进行铲前趟一犁，疏松土壤，防寒增温。在苗长到3～4片叶时，将弱、病、小苗去掉做到一次等距早定苗。头遍铲趟之后，每隔10～12d进行一次，做到三铲三趟。

（7）虫害防治。

a. 地下害虫。地下害虫种类多、适应性强、分布面广、危害重。其中以蛴螬、金针虫、地老虎等危害严重，需采取必要的防治措施，减轻地下害虫的危害，防止缺苗断垄情况的发生。

b. 防治黏虫。在6月中、下旬平均每株有一头黏虫时及时防治，把幼虫消灭在三龄之前。

c. 防治玉米螟。在7月上中旬及时防治玉米螟，可采用投射式杀虫灯诱蛾、赤眼蜂灭卵、大喇叭口期用自走式高秆喷雾器喷施Bt乳剂防治幼虫等办法防治玉米螟。

（8）化学除草。

a. 播后苗前除草。在土壤墒情较好的地块可选用播后苗前除草。对于禾本科和阔叶杂草混生地块可选用90%乙草胺1 800mL加75%噻吩磺隆30～40g兑水400～500kg均匀喷雾进行土壤封闭处理。

b. 苗后除草。在阔叶杂草2～3叶期，禾本科杂草2～4叶期，公顷用75%烟嘧磺隆·溴苯腈散水分颗粒剂750g或溴苯腈乳油1 500mL兑适量水喷雾。

（9）收获。玉米完熟期收获，此期玉米籽粒出现了黑帽层，标志着玉米籽粒尖冠附近的几层细胞已经死亡，阻断了维管束，营养已不再向籽粒输送，玉米达到了生理成熟期，是玉米收获的最佳时期。注意收获后的贮藏保管。

（10）秸秆还田。

a. 秋季玉米成熟后利用联合收割机进行收获，灭茬机将玉米根茬和散落在田面的秸秆进行深度破碎均匀抛撒地表，长度小于10cm。

b. 深翻还田。采用200马力以上的机车牵引五铧犁进行深翻作业翻耕深度30～35cm，将秸秆全部翻混于0～30cm或35cm土壤中，保证不出堑沟，表面很少见到外露的秸秆。

c. 重耙作业。深翻作业完成后，晒垡3～5d为土壤降湿度，再用重耙机呈对角线方向耙地2次，耙地后保证无立垡、无坐垡，残留的秸秆及根茬翻压干净。

d. 整地作业。重耙作业后，使用旋耕机进行旋耕起垄一次性作业，然后进行镇压，至待播种状态。

2. 第2年种植大豆，大豆茬免耕

（1）品种选择。要选用经审定推广的增产潜力大、耐密植的优良品种，生育期所需活动积温应比当地平均活动积温少200℃，保证品种在正常年份能够充分成熟，并有一定的时间进行田间脱水。种子质量要达到纯度不低于96%，净度不低于99%，发芽率不低于90%，含水量不高于16%。用种量要比普通种植方式多15%～20%。

（2）种子处理。播前人工精选，剔除病粒、虫食粒及杂质等，使种子质量达到种子分级标准二级以上，并应用优质种衣剂按药种比例1∶70进行种子包衣，防治地下害虫、苗期害虫及根部病害。对于根腐病严重地块主要用2.5%适乐时、禾健种衣剂防治。

（3）播种。春季在土壤5cm耕层地温稳定通过7～8℃时开始播种，做到抢积温、抢墒情，达到苗齐、苗全、苗匀、苗壮。垄上播种2行，保证植株个体及群体在田间分布均匀；通过选用半矮秆的秆强品种，防止倒伏，保证高产的实现。播种采用2BTG-3精播机或大型气吸式大垄高台精密播种机进行精量播种，公顷用种量60kg，收获株数公顷应达到26万株以上。

（4）施肥。采用测土配方施肥技术，做到大量元素与中微量元素的合理搭配。既突出主肥，又要重视微肥和菌肥。每公顷施用大豆专用肥250～300kg，采取分层施肥技术，即底肥施在垄下12～15cm处，种肥施在种下6～8cm处。同时注重硼肥、锌肥等微量元素的合理搭配。根据大豆长势，在始花期至终花期进行两次叶面喷施，满足大豆在不同生育期对肥料的需求，提高肥料利用率。

（5）防治病虫草害。大豆生育期间，严防病、虫、草对大豆的危害。使用化学除草剂以安全有效为原则，严格掌握用药剂量和时期。土壤封闭除草，播后苗前每公顷施90%乙草胺1 750mL加75%噻吩黄隆20～25g。防治大豆灰斑病、紫斑病用多菌灵或甲基托布津，公顷用量1.5kg，叶面喷施。防治大豆食心虫，公顷用80%敌敌畏乳油1.5kg，用去皮的玉米或高粱秸秆蘸杆700

个，每隔4垄插一垄，每隔5～6m插一根，分插于田间熏蒸防治，或用菊酯类的农药如功夫、来福灵高效氯氰菊酯，公顷用量200～300mL兑水400～600kg喷雾。

（6）适时收获。在大豆茎叶及豆荚变黄，豆粒归圆及落叶达90%以上时收获，割茬高度以不留底荚为准，一般为5～6cm，收割损失率小于1%，脱粒损失率小于2%，清洁率95%。

（7）秋季收获后，大豆茬免耕。春季采用免耕播种机进行播种。

3. 第3年种植玉米，开始第2个米豆轮作循环周期

操作注意事项：

（1）适宜在秋季操作，避免春季整地，土壤跑墒等问题。

（2）灭茬过程中需选用质量好、转速快的灭茬机，尽量将秸秆破碎至10cm左右，以免影响秸秆深翻还田的效果。

（四）效益分析

以2年为一个轮作周期，每亩成本减少17.7元，效益增加116元（表4-1至表4-3）。

表4-1 整地成本核算

单位：元/亩

序号	项目	传统每年一次联合整地	该模式1年整地，第2年免耕
1	灭茬	20×2	20
2	深翻	—	50
3	耙地	—	20
4	起垄	—	20
5	镇压	—	10
6	旋耕起垄镇压	40×2	—
合计		120	120

表4-2 传统与该模式种植玉米和大豆的肥料成本分析

单位：元/亩

肥料	玉米		大豆	
	传统	此模式	传统	此模式
尿素	51.3	39.2	7.3	0

（续）

肥料	玉米		大豆	
	传统	此模式	传统	此模式
磷酸二铵	42.6	32	37.3	32
硫酸钾	24	24	24	24
叶面肥	6	6	6	6
合计	123.9	101.2	74.6	62
节本	—	22.7	—	12.6

注：尿素 2 200 元/t，磷酸二铵 3 200 元/t，硫酸钾 3 600 元/t，叶面肥 90 元/hm²（喷施两次）。

表 4-3　传统与该模式种植下玉米和大豆的效益情况分析

单位：元/亩

作物		成本增减	效益增减
玉米	传统	0	0
	此模式	−22.7	128
大豆	传统	0	0
	此模式	−12.6	104
整地	传统	0	
	此模式	0	
米豆合计	此模式	−35.3	232
年均		−17.7	116

注：①成本增减是指模式在秋季整地和施肥方面的成本与传统方法相比较，其他成本相同。
②效益增减只是采用了黑土地保护利用模式后增加的效益。米豆的成本增减、效益增减均是一个周期内二年的平均值。

四、三江平原白浆土耕作层加厚除障技术模式

（一）技术原理

针对白浆土腐殖质层薄、总养分储量低，白浆层土壤硬度偏大，生产中常表现出：通气透水性差，限制根系下扎和土壤水分上下运行，表旱表涝严重，作物产量低而不稳。通过秸秆深翻还田，打破白浆层，增加耕层厚度；通过增施有机肥和磷肥，降低白浆层的 pH，对心土层土壤进行活化，快速提高全耕层的土壤肥力。解决了秸秆深翻还田过程中心土层上移导致土壤肥力下降，限制作物产量提升的问题。

（二）适用范围

白浆土地区。

（三）操作要点

采用秸秆深翻还田技术与增施有机肥和磷肥活化心土层技术相结合。第 1 年种植玉米，实施玉米秸秆深翻还田技术，配合有机肥和磷肥的施用。第 2 年种植大豆，采用旋耕的方式进行耕作。玉米秸秆、有机肥和磷肥深翻还田一次的效果可维持 6～7 年。

1. 第 1 年种植玉米，实施玉米秸秆、有机肥和磷肥深翻还田技术

（1）地块选择。平原土地连片区。

（2）秸秆粉碎。用秸秆粉碎机将秸秆粉碎至小于 10cm，秸秆过长会影响播种、出苗。

（3）有机肥和磷肥抛撒。利用抛撒车将有机肥和磷酸二铵均匀施入耕地地表上，有机肥施用 45m³/hm²，磷酸二铵 150kg/hm²。

（4）翻压还田。粉碎后的秸秆、有机肥和磷酸二铵，采用 200 马力以上的拖拉机配套液压翻转犁进行深翻作业，翻耕深度 30～35cm，并将秸秆全部翻混于 0～35cm 土壤中。

（5）重耙作业。深翻作业完成 3～5d 后，用圆盘耙对深翻地块进行重耙作业，对于秋季时间紧或土壤墒情过高无法进行秋季耙地作业的地块，可采用在深翻作业时加合墒器作业。

（6）春季整地。秋季未来得及重耙作业的地块，春耕前用圆盘耙进行重耙或使用旋耕机旋耕一次，然后进行重镇压；秋季进行过重耙作业的地块直接进行重镇压。

（7）单粒播种。播种、覆土、镇压作业一次完成。

a. 选用良种。要选用经审定推广的增产潜力大、耐密植的优良品种，生育期所需活动积温应比当地平均活动积温少 200℃，保证品种在正常年份能够充分成熟，并有一定的时间进行田间脱水。种子质量要达到纯度不低于 96%，净度不低于 99%，发芽率不低于 90%，含水量不高于 16%。用种量要比普通种植方式多 15%～20%。

b. 播种时期。当耕层 5～10cm 的地温稳定通过 7～8℃时抢墒播种，播种期一般在 4 月 20 日至 5 月 25 日。采用机械精量播种后进行镇压，镇压后播深达 3～4cm。

c. 种植密度。根据玉米品种特性和水肥条件确定，高水肥地块种植宜密，低水肥地块种植宜稀，植株繁茂的品种公顷保苗 6.0 万～6.5 万株，株型收敛的品种公顷保苗 6.5 万～7.5 万株。土壤肥力好的每公顷播种 7.0 万～7.5 万株，肥力较差的每公顷播种 6.5 万～7.0 万株。

（8）除草。采取以翻耕灭草、机械灭草为主，化学灭草为辅的杂草防治策略，做到能不用就不用、能少用就少用化学药剂除草。

机械除草：通过翻耕和机械灭草降低杂草发生基数，播后苗前采用趟蒙头土、苗后早期采用梳苗机（滚地龙）进行机械除草。

封闭除草：选用广谱性、低毒、残效期短、效果好的除草剂。一般用阿乙合剂，即每公顷用 40％的阿特拉津胶悬剂 3～3.5kg 加乙草胺 2kg，兑水 500kg 喷施，进行全封闭除草。

茎叶除草：一般选用 4％烟嘧磺隆 1L＋38％莠去津 1.5L＋15％硝磺草酮 0.88L（或者三元复配混剂）兑水喷雾。防治时期玉米 3～5 叶期。注意事项，气温不得高于 25℃，空气湿度不得低于 65％，不得与有机磷类杀虫剂同时使用，否则会有药害发生。

（9）施肥。实施测土配方施肥，根据土壤肥力和目标产量确定合理施肥量。应遵循底肥为主、追肥为辅和化肥中氮、磷、钾按比例施用的原则。配方肥中氮、磷、钾比例为（2.5～2.8）：1：（0.8～1.1）。公顷施用尿素 300～350kg、磷酸二铵 150kg、硫酸钾 90～125kg。磷、钾肥的全量深施做底肥，氮肥的三分之一或二分之一做底肥，余下的氮肥在玉米 7～9 片叶时做追肥施入。3 年施用 1 次有机肥，每公顷施用有机肥 45m³ 以上。

2. 第 2 年种植大豆，实施大豆秸秆旋耕或免耕还田

（1）品种选择。根据当地的气候和土壤条件，选择优质、耐密抗倒伏、高产、抗逆性强的品种。

（2）种子处理。播前人工精选，剔除病粒、虫食粒及杂质等，使种子质量达到种子分级标准二级以上，并应用优质种衣剂按药种比例 1：70 进行种子包衣，防治地下害虫、苗期害虫及根部病害。对于根腐病严重地块主要用 2.5％适乐时、禾健种衣剂防治。

（3）播种。春季在土壤 5cm 耕层地温稳定通过 7～8℃时开始播种，做到抢积温、抢墒情，达到苗齐、苗全、苗匀、苗壮。大垄上播种 3 行、2 行密植、增加了单位面积保苗株数，使株行距更加合理；保证植株个体及群体在田间分布均匀；通过选用半矮秆的秆强品种，防止倒伏，保证高产的实现。播种采用 2BTG - 3 精播机或大型气吸式大垄高台精密播种机进行精量播种，公顷用种量 65～75kg。

（4）施肥。每公顷施用尿素 30kg、磷酸二铵 150kg、硫酸钾 65kg，肥种分开，施于种侧下 4～5cm 处。化肥用量可以调节。结合测土结果和生育期间土壤监测数据以及田间长势，适当追肥或喷施含钼酸铵的叶面肥料。从而确保大豆优质高产栽培目标的实现。

（5）精细管理、防治病虫草害。大豆生育期间，严防病、虫、草对大豆的危害。使用化学除草剂以安全有效为原则，严格掌握用药剂量和时期。土壤封闭除草，播后苗前公顷施 90％乙草胺 1 750mL 加 75％噻吩黄隆 20～25g。防治大豆灰斑病、紫斑病公顷用多菌灵或甲基托布津 1.5kg，叶面喷施。防治大豆食心虫，公顷用 80％敌敌畏乳油 1.5kg，用去皮的玉米或高粱秸秆蘸秆 700个，每隔 4 垄插一垄，每隔 5～6m 插一根，分插于田间熏蒸防治，或用菊酯类的农药如功夫、来福灵高效氯氰菊酯，公顷用量 200～300mL 兑水 400～600kg 喷雾。

（6）适时收获。在大豆茎叶及豆荚变黄，豆粒归圆及落叶达 90％以上时收获，割茬高度以不留底荚为准，一般为 5～6cm，收割损失率小于 1％，脱粒损失率小于 2％，清洁率 95％。

（7）大豆秸秆覆盖还田。秋季带有秸秆还田粉碎抛撒装置的联合收获机收获大豆时，将秸秆切碎抛撒均匀，覆盖在田面上，免耕或者深松。

3. 第 3 年种植玉米，实施玉米秸秆深翻还田

不施用有机肥外，其他技术措施相同。

4. 第 4 年种植玉米，开始第 2 个米豆米循环周期

除不施用有机肥外，其他技术措施均相同。

（四）效益分析

1. 经济效益

该模式比常规年均增加投入 138.17 元/亩，年均效益−115.95 元/亩。经过 2 个循环后可实现每年节本增收 132.18 元/亩（表 4-4～表 4-7）。

表 4-4　整地成本核算

单位：元/亩

	项目	传统每年一次联合整地	该模式 1 年整地，第 2 年免耕
传统	旋耕	25	—
此模式	翻埋	—	85

（续）

项目	传统每年一次联合整地	该模式1年整地，第2年免耕
有机肥	—	300
磷酸二铵	—	32
合计	25	417

表4-5　传统与该模式种植玉米和大豆的肥料成本分析

单位：元/亩

肥料	玉米		大豆		玉米	
	传统	此模式	传统	此模式	传统	此模式
尿素	51.30	44.00	2.93	0	51.30	44.00
磷酸二铵	48.00	80.00	37.30	32.00	48.00	32.00
硫酸钾	20.80	16.67	24.00	12.50	20.80	16.67
叶面肥	6.00	6.00	6.00	6.00	6.00	6.00
合计	126.10	146.67	70.23	50.50	126.10	98.67
节本	—	−20.57		19.73	—	28.33

注：尿素2 200元/t，磷酸二铵3 200元/t，氯化钾2 500元/t，叶面肥90元/hm^2（喷施两次）。

表4-6　传统与该模式种植下玉米和大豆的效益情况分析

单位：元/亩

作物		施肥成本增减	整地成本增减	效益增减
玉米	传统	0	0	0
	此模式	342.57	60.00	−402.57
		−28.33	60.00	20.41
大豆	传统	0	0	0
	此模式	−19.73	0	34.31
米豆合计	此模式	294.51	120.00	−347.85
年均		98.17	40.00	−115.95

表4-7　2~3个循环后模式种植下玉米和大豆的效益情况分析

单位：元/亩

作物		施肥成本增减	整地成本增减	效益成本增减
玉米	传统	0	0	0
	此模式	−28.33	60.00	65.05
		−28.33	60.00	65.05

（续）

作物		施肥成本增减	整地成本增减	效益成本增减
大豆	传统	0	0	0
	此模式	−16.8	0	102.30
米豆合计	此模式	275.44	120.00	232.40
年均		91.81	40.00	74.47

2. 社会效益

该模式增加了土壤物质和能量循环，改善了白浆土土体结构，土壤宜耕性好。秸秆和畜禽粪污作为放错位置的宝贵资源，不再是农业废弃物，而是作为一笔财富归还土壤。提高了白浆土肥力，打破了白浆层，抗旱耐涝，可有效提升土壤生产潜力，拓展农民增收空间，建设了美丽乡村，其社会效益显著。

3. 生态效益

该模式的生态效益显著。改良了白浆土，培肥了地力，增加了有机质含量，增强了土壤通透能力，恢复了土壤微生物群落，丰富了土壤动物品种数量。黑土地的生态系统服务功能增强。实现了黑土地永续利用，保障了国家粮食安全、食品安全、生态安全以及人类健康。

第二节　坡耕地类型区

坡耕地类型区主要分布在低山丘陵区和漫川漫岗典型黑土区。该区域自然土壤属性为黑土层薄，土体砂砾较多，土壤贫瘠，水土流失比较严重。主要技术路径：采取等高改垄、沟毁耕地修复和收获高留茬等工程措施固土保水；推广深松、增施有机肥、秸秆翻埋还田、秸秆覆盖条耕和高留茬播种同步覆秸还田等农机农艺措施防止水土流失，培肥地力。主推集成技术模式2个。

一、坡耕地两覆一翻保土提质水土保持模式

（一）技术原理

该模式是以秸秆覆盖和有机肥还田为主体，辅以沟毁耕地修复和等高垄作水土保持工程的坡耕地保土提质技术体系，包括等高改垄、秸秆覆盖条耕、秸秆填埋侵蚀沟复垦和秸秆深翻还田配施有机肥5项关键技术。等高改垄是改顺坡/斜坡垄作为等高垄作，降低垄向坡度，遏止或减小地表径流冲刷，有效降低土壤流失；实施秸秆全量覆盖还田条带耕作，增加地表覆盖度和粗糙度，起

到免耕防治水土流失和提升土壤质量的作用；针对坡耕地中形成的侵蚀沟，采取秸秆打捆压实填埋上层覆土，实现沟毁耕地修复，田块扩大并完整；以水土流失冲刷并沉积在坡脚和河道的淤泥为基质，辅以牛粪和秸秆等，沤制有机肥还田，快速提升侵蚀退化黑土质量。显著降低土壤流失，增加土壤蓄水量，培肥土壤，全面提升坡耕地抵御水土流失的能力，提高坡耕地生产力。

（二）适用范围

黑龙江省低山丘陵区和漫川漫岗黑土区坡耕地。

（三）操作要点

等高改垄是在坡面上实施的改垄工程，需将原垄平整后，重新按等高线规划垄向；侵蚀沟复垦是利用机械收获后的秸秆，打成紧实的方捆，填埋到侵蚀沟中，上面再覆半米厚的土，消除侵蚀沟，地块由破碎的变为完整的，机械能够通过，原沟道复恢复种植。等高改垄和侵蚀沟秸秆填埋复垦一次性完成，永久受益。秸秆覆盖条耕是机械收获后秸秆直接覆盖于地表，利用条耕机械，依照播种宽度创造间隔的疏松种床，第 2 年直接在苗床上播种，需 1 年一实施；有机肥施用可根据有机肥资源量，3 年中施用一次。种植作物、施肥、病虫草害防控等依照当地常规操作。

1. 坡面水土保持一次性整治工程措施

（1）措施组成。实施于坡面上一次性完成的水土保持工程措施，包括侵蚀沟秸秆填埋复垦和等高改垄，一次施工完成，永久受益。

（2）技术工艺。

a. 侵蚀沟秸秆填埋复垦。东北沟道侵蚀严重，且多发育形成于坡耕地中，损毁耕地的同时，造成耕地支离破碎，阻碍机械行走，不利于现代农业发展。利用秸秆资源丰富的优势，就近打捆填入侵蚀沟中，将整形挖出的土覆于秸秆层上半米，消除沟道，恢复种植，机械自由行走，将破碎的地块整理为完整的大地块。详细操作流程见黑龙江省地方标准《秸秆填埋侵蚀沟复垦操作规程》（DB23/T 2272—2018）。

b. 等高改垄。东北坡耕地多顺坡/斜坡垄作，是导致水土流失加剧的主要因素之一，改为等高垄作，可有效降低垄向坡度，减小汇集于垄沟的径流流速即冲刷力，延长径流渗透时间，是坡耕地水土保持最为基础的措施。秋收后旋或耙平地表，沿等高线旋松起垄，宜实施条带种植。

2. 坡耕地保土提质循环技术模式

以 3 年为一个循环周期。宜在已完成侵蚀沟复垦和等高改垄后的连片地块实施，也可在未改垄的坡耕地上实施，坡度小于 5°。

（1）第 1 年种植玉米，实施秸秆全量覆盖还田条耕技术。

a. 秸秆粉碎。秋季机械收获后覆于地表的碎秸秆，再次用秸秆粉碎机将秸秆粉碎至小于 10cm 成条状的秸秆，直立茬管全部被打碎并汇集于垄沟位，垄台露出表土。

b. 条耕。利用条耕犁，沿垄台实施条耕作业，创造宽约 20cm、深不少于 20cm 的种床，种床带无秸秆覆盖，土壤疏松。

c. 种植管理。第 2 年春季在种床上直接播种及施种肥，播种后喷施除草剂，无中耕，其他管理同常规农耕管理。

（2）第 2 年种植玉米或者大豆，玉米实施秸秆全量覆盖还田条耕或豆秸覆盖免耕技术，具体耕种管理技术与第 1 年相同。

（3）第 3 年种植玉米，实施秸秆全量翻埋还田技术。

a. 秸秆粉碎。机械收获后覆于地表的碎秸秆，再次用秸秆粉碎机械将秸秆粉碎至小于 10cm 成条状的秸秆，直立茬管全部被打碎。

b. 有机肥抛撒。有条件的地方，可在秸秆粉碎后，增施无害化有机肥，施用量为 30m³/hm² 以上，均匀覆于地表。

c. 翻压还田。秸秆粉碎完成后，采用 200 马力轮式拖拉机配套五铧犁进行深翻作业，翻耕深度 25～30cm，并将秸秆全部翻埋于 0～30cm 土壤中。

d. 重耙作业。深翻作业完成 3～5d 后，用圆盘耙对深翻地块进行重耙作业，对于秋季时间紧或土壤墒情过高无法进行秋季耙地作业的地块，可采用在深翻作业时加合墒器作业。也可用无后覆土板的旋耕机碎土抚平地表，再利用旋耕犁旋耕起垄。

e. 春季整地。秋季未进行作业的地块，春耕可直接旋耕起垄，起垄同时进行重镇压。

f. 其他农田管理。播种、施肥、病虫草害防控、中耕、收获等均采用当地常规作业，无特殊要求。

（四）效益分析

1. 投入成本

（1）一次性工程措施投入成本。实施侵蚀沟秸秆填埋复垦，复垦一亩沟道面积需 3 万元，控制面积 3hm² 以上，折合 400 元/亩；实施等高改垄，需平地和起垄两项机耕作业，折合成本 50 元/亩。以上两项均是一次性投入永久受益。

（2）循环模式投入成本。第 1 年和第 2 年均实施秸秆覆盖条耕作业，属保护性耕作，增加的措施有秸秆粉碎和条耕两项作业，需 40 元/亩；免耕播种，无中耕，减少的是传统旋耕和 3 次中耕，节约耕作成本 33 元/亩。第 1、2 年扣除节本部分，两年共增加投入成本 14 元/亩。

第 3 年实施秸秆全量深翻还田或配合增施有机肥较常规新增投入成本 80～280 元/亩（秸秆翻压还田新增作业成本 80 元/亩，施用有机肥 2m³/亩投入成本 200 元/亩）。

3 年一个循环周期内需增加投入成本 94～294 元/亩。

2. 经济效益

此技术模式第 1 年和第 2 年实施秸秆覆盖条耕，主要作用是保水保土，作物不减产；第 3 年实施秸秆全量深翻还田或配合施用有机肥，提升土壤肥力，增产玉米 30～90kg/亩，增收 37.2～111.6 元/亩（玉米价格按 1.24 元/kg 计算）。模式第一个循环周期，实现增收 37.2～111.6 元/亩。纯收益－182.4～－56.8 元/亩。若经过 2～3 个循环周期建设，耕地质量等级提高，生态环境改善，农产品产量和品质逐年提高，不仅实现"藏粮于地"，经济效益也会逐年增加。下一个循环周期将实现纯收益 78～84.6 元/亩。

本模式与黑土地保护利用其他模式有明显不同之处，即等高改垄和侵蚀沟复垦后效始终发挥，后续效益可观。为此，本模式启动运行需项目支持。

3. 生态效益

本模式属耕地水土保持生态建设内容，其作用：一是可以有效遏制水土流失，减少地表径流 80％以上，缓解作物水分胁迫，实现坡耕地可持续利用；二是改善土壤的物理性状，提高土壤有机质含量；三是创建秸秆利用新模式，减少了秸秆焚烧、无序堆放等现象，对环境保护具有明显作用。

4. 社会效益

改善农村环境，整治受损耕地，化解侵蚀沟毁地导致的社会矛盾，增加农民收入，提高农业的综合效益，保证现代农业的发展。

二、高留茬播种同步覆秸还田水土保持提质技术模式

（一）技术原理

本模式是以原茬地免耕播种覆秸机械化技术为核心，采用玉米—大豆为中轴的"三三制"科学轮作制度，玉米收获最大限度留高茬、不粉碎，秸秆及高茬以任意形态留在田间，除 3 年一次深松外，不进行任何整地处理。春季适播期，采用玉米原茬地免耕覆秸播种机进行作业，一次性完成"侧向清秸防堵、

种床整备、侧深施肥、正位净土精量播种、覆土镇压、喷施封闭除草剂（可选）和秸秆残茬粉碎均匀覆盖"7 项作业，秸秆在清茬防堵种床整备作业过程中被撕裂适度粉碎抛撒均匀覆盖到已播地表面，增加地表覆盖度和粗糙度，遏制土壤风蚀水蚀和压实破坏，蓄水保墒，培肥土壤，提高坡耕地质量和生产力（图 4-1）。

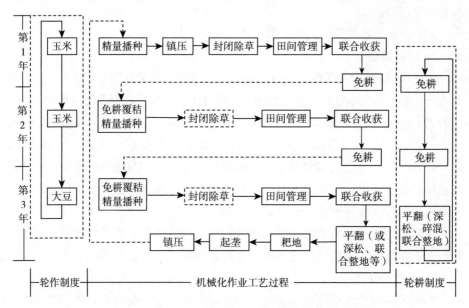

图 4-1 玉米大豆轮作高留茬播种同步覆秸还田水土保持提质技术模式

（二）适用范围

黑龙江省及东北其他低山丘陵区和漫川漫岗黑土区坡耕地，坡度小于 5°。也可因地制宜地应用到其他类型区。低洼易涝和砾石偏多区禁用。

（三）操作要点

以 3 年为一个循环周期。

1. 土壤耕作

建议采用"玉—玉—豆"的轮作模式，依据不同作物后茬特点对应采用"免—免—松""免—免—翻"或"免—免—联合整地"的土壤耕作方式，即玉米后茬无须整地和秸秆残茬处理，采用原茬地免耕覆秸播种机直接免耕精量播种覆秸作业。对于玉米连作 2 年后种植大豆等秸秆易于处理的作物，在收获后，可以按照常规整地方式作业，应用联合整地机、齿杆式深松机或全方位深松机等进行深松整地作业。提倡以间隔深松为主的深松耕法，构造"虚实并存"的耕层结构。间隔深松要打破犁底层，深度一般为 35～40cm，稳定性≥ 80%，土壤疏松度≥40%，深松后应及时合墒，必要时镇压。对于田间水分较大的地区，需进行耕翻整地。对于平作模式，无需任何处理作业，待墒情适宜时直接播种即可。对于垄作模式，可以根据墒情随中耕培土后起垄，也可以秋翻、耢耙后起垄，深度 20～25cm。无法秋整地而进行春整地时，应在土壤"返浆"前进行，耕深 15cm 为宜，翻、耙、耢、压、起垄连续作业。垄向要直，建议配置 GPS/北斗自动导航装置，100m 垄长直线度误差不大于 2.5cm（带导航作业）或 100m 垄长直线度误差不大于 5cm（无导航作业）；垄体宽度按农艺要求形成标准垄形，垄距误差不超过 2cm；起垄工作幅度误差不超过 5cm，垄体一致，深度均匀，各铧入土深度误差不超过 2cm；垄高一致，垄体压实后，垄高不小于 16cm（大垄高度不小于 20cm），各垄高度误差应不超过 2cm；垄形整齐，不起垡块，无凹心垄，原垄深松起垄时应包严残茬和肥料；地头整齐，垄到地边，地头误差小于 10cm。

玉米连作区土壤耕作可参考轮作区土壤耕作方式实施。

2. 免耕覆秸精量播种施肥

（1）品种选择及其处理。

a. 品种选择。按当地生态类型及市场需求，因地制宜地选择通过审定的耐密、秆强、抗倒、丰产性突出的主导品种，品种熟期要严格按照品种区域布局规划要求选择，坚决杜绝跨区种植。应用清选机精选种子，要求纯度大于 99%，净度大于 98%，发芽率大于 95%，水分小于 13.5%，粒型均匀一致。

b. 种子处理。应用包衣机将精选后的种子和种衣剂拌种包衣，减轻病虫危害。在播种前根据当地的各种病虫害发生情况，有针对性地选用不同类型的玉米大豆种衣剂，严格按照产品说明书要求进行包衣，可有效地预防控制苗期病虫害的发生。对一些地下害虫严重发生的地方，可以对种子进行二次包衣处理。

（2）免耕覆秸精量播种施肥。东北地区要抓住地温早春回升的有利时机，利用早春"返浆水"抢墒播种。当耕层 5～10cm 地温稳定通过 10～12℃时开始进行播种，并做到连续作业，防止土壤水分散失。

在播种适期内，要根据品种类型、土壤墒情等条件确定具体播期。中晚熟品种应适当早播，以便保证霜前成熟；早熟品种应适当晚播，使其发棵壮苗；土壤墒情较差的地块，应当抢墒早播；土壤墒情好的地块，应根据玉米大豆栽培的地理位置、气候条件、栽培制度及玉米大豆生态类型具体分析，选定最佳播期。

在玉米机收高留茬、摘穗后站秆和放铺等原茬地条件下，采用原茬地免耕覆秸精量播种机一次性完成免耕施肥、精量播种、覆土镇压、药剂喷施和覆秸作业。用户根据生产需要可以选装封闭除草装置，在播后秸秆覆盖前喷施除草剂，一次性完成封闭除草作业。播种机组作业速度严格按照产品说明书执行；播种密度、深度根据品种和栽培农艺要求参照播种机说明书进行调节。因为2BMFJ 系列免耕覆秸精量播种机的秸秆覆盖过程中伴随着少量土壤的回带，在试播时播种深度调节应该较常规播种机的浅 5～10mm。以覆土镇压后测算，黑土区播种深度 3～5cm，白浆土及盐碱土区播种深度 3～4cm，风沙土区播种深度 5～6cm，确保种子播在湿土上。播种深度合格率≥75.0％，粒距合格指数≥60.0％，重播指数≤30.0％，漏播指数≤15.0％，变异系数≤40.0％，机械破损率≤1.5％，行距一致性合格率≥90％，邻接行距合格率≥90％。垄上播种相对垄顶中心偏差≤30mm，播行 50m 直线性偏差≤50mm，地头重（漏）播宽度≤50mm，播后地表平整、镇压连续，晾籽率≤2％；地头无漏种、堆种现象，出苗率≥95％。播种时应避免播种带土壤与秸秆根茬混杂，确保种子与土壤接触良好。调整播量时，应考虑药剂拌种使种子质量增加的因素。

结合播种施种肥于种侧 5～6cm、种下 5～8cm 处，种子和化肥要隔离 5cm 以上。施肥量按照农艺要求调节施用，各行施肥量偏差≤5％，施肥深度合格指数≥75％，种肥间距合格指数≥80％，地头无漏肥、堆肥现象，切忌种肥同位。

覆土镇压强度根据土壤类型、墒情进行调节，随播种施肥随镇压，做到覆土严密，镇压适度（2～3.5kg/cm²），无漏无重，抗旱保墒。

3. 田间管理

（1）杂草防控。采用机械、化学综合灭草原则，以播前土壤处理和播后苗前土壤处理为主，苗后处理为辅。

a. 化学除草。建议应用系列原茬地免耕覆秸精量播种机提供的化控药剂喷施系统在播种同时实施封闭除草，将除草剂直接喷施到施肥播种镇压后的净土上，减少用药量；也可以在播后出苗前应用风幕式喷药机实施封闭除草，或在苗后 3 叶期实施茎叶除草。

除草剂施用要注意环境。土壤湿润，相对湿度 80％；温度适当（≥15℃），避免高温（≥30℃）、大风天气及土壤干旱时禁止喷施除草剂。

b. 机械除草。采用中耕苗间除草机，边中耕边除草。

（2）中耕。采用免耕覆秸精量播种机播种玉米或大豆的地块，视土壤墒情确定是否需要中耕以及中耕作业次数，土壤墒情不好时，建议不中耕。需要中耕时，可以按照常规方式实施中耕。

垄作春大豆一般中耕 2～3 次，在第 1 片复叶展开时，进行第一次中耕，耕深 15～18cm，或垄沟深松 18～20cm，要求垄沟和垄侧有较厚的活土层；在株高 25～30cm 时，进行第二次中耕，耕深 8～12cm，中耕机需高速作业，提高壅土挤压苗间草的效果；封垄前进行第 3 次中耕，耕深 15～18cm。次数和时间不固定，根据苗情、草情和天气等条件灵活掌握，低涝地应注意培高垄，以利于排涝。平作密植春大豆，建议中耕 1～3 次。以行间深松为主，深度第 1 次为 18～20cm、第 2、3 次为 8～12cm，松土灭草。

玉米中耕除草一般应进行 3 次，第一次在定苗之前，幼苗 4～5 片叶时进行，深度 3～4.5cm；第二次在定苗后，幼苗 30cm 高时进行；第三次在拔节前进行，深度 9～12cm。要注意深度和培土量，既保证耕深，又不压苗、伤苗。

推荐选用带有施肥装置的中耕机，结合中耕完成追肥作业。

残茬全部覆盖还田，基肥、种肥和微肥接力施肥，防止后期脱肥，种肥增氮、保磷、补钾三要素合理配比；根据具体情况，种肥和微肥接力施肥。提倡测土配方施肥和机械深施。

（3）病虫害防控。建议实施科学合理的轮作制度，从源头预防病虫害的发生。采用种子包衣的方法预防地下病虫害；苗期病虫害的防治，根据病虫害发生情况选用适宜的药剂及用量，采用喷杆式喷雾机或风幕式喷药机或农业航空植保等机具和设备，按照机械化植保技术操作规程进行病虫害防控作业。做到均匀喷洒、不漏喷、不重喷、无滴漏、低漂移，以防出现药害。

（4）化学调控。

a. 大豆化学调控。高肥地块可在大豆初花期喷施多效唑等植物生长调节剂，防止后期倒伏；低肥力地块可视情况在盛花、鼓粒期叶面喷施少量尿素、磷酸二氢钾和硼、锌微肥等，防止后期脱肥早衰。

b. 玉米化学调控。根据玉米生长期调节其生长发育的需要选择化控试剂，按照不同化控试剂说明书要求，在其最适喷药的时期喷施。药剂喷施时，要求均匀地喷洒在上部叶片上，不重不漏，个别弱苗可避喷。喷药后 6h 内如遇雨淋，可在雨后酌情减量增喷一次。

根据化控技术要求选用适宜的植保机械设备，按照机械化植保技术操作规程进行化学调控作业。

4. 收获作业

鉴于原茬地免耕覆秸精量播种机能够在玉米任何高度留茬地块上一次性适时完成高质量施肥、播种和已播地秸秆适度粉碎均匀覆盖作业，所以建议在采用联合收获机收获玉米果穗或籽粒时，撤掉或切离收割机底刀及秸秆粉碎装置的动力，可以进行冻收，并最大限度保留田间秸秆高留茬。既可以降低籽粒破损率、节约收获机油料和作业成本、提高作业效率，又可以防风固雪，有效抑制水土流失，同时在冬季改善田间微环境，一定程度缓解收获时秸秆粉碎覆盖田间造成的春季难于放寒，影响地温提升、延迟播期问题。

（四）效益分析

1. 经济效益

原茬地免耕覆秸精量播种技术实现了施肥播种精耕细作与播后秸秆适度粉碎均匀覆盖的保护性耕作技术的高度融合，在玉米原茬地播前无须任何耕整地作业环节，一次进地完成6～7项作业工序，一个作物生产周期可减少收获切割和粉碎秸秆、灭茬和整地等多项作业环节，显著节约机械作业成本，保证播种时间和播种质量，并为作物提供了良好的生长发育环境条件。黑吉辽和内蒙古大面积试验示范应用7年的结果表明，平均增产12.21%、亩节本75.19元、每亩增效165.83元以上。

2. 社会效益

有效解决了长期困扰农业生产的秸秆处理、匀植保苗、培肥土壤和防止水土肥料流失难题，减少机械进地次数，降低油料消耗，建立了高度轻简化耕播机械化技术体系，有效解决了大量秸秆根茬残留田间制约大豆玉米等作物优质高产稳产难题，提高种子等农业资源利用效率，为黑土地保护和永续利用提供了有效的技术支撑。

3. 生态效益

实现了高留茬地播后秸秆全量覆盖还田，有效解决了秸秆焚烧、水土肥药流失、土壤有机质下降、农业面源污染等难题；一次完成多项作业，有效减少机器设备投放量、减少机具进地作业次数，降低了机械化作业造成的土壤压实破坏程度和机器尾气碳排放量，生态效益显著。

第三节 风沙干旱类型区

风沙干旱类型区主要分布在黑龙江省松嫩平原西部，主要气候特点是：春季风沙大、干旱，裸露地表受风蚀侵害，夏季雨水集中，坡岗地土壤受水蚀侵害，该区域风蚀和水蚀造成的水土流失非常严重；土壤类型主要为黑钙土、草甸土、暗棕壤、风沙土等，耕层厚度 16～22cm，犁底层厚度 10～15cm，砂砾底土壤占本区域 50%～60%，保水、保肥能力较弱；土壤有机质含量中等偏低，一般在 25～30g/kg，肥力偏低。该区域治理的重点是扼制风蚀水蚀，加深耕层，培肥地力，减少水分蒸发，提高雨水利用率。主推集成技术模式 1 个，即西部风沙半干旱区保护性耕作固土保水提质技术模式。

一、技术原理

通过龙江县几年来黑土地保护利用实践探索，秸秆覆盖、条带耕作与深松整地技术配套实施，对遏制松嫩平原西部风沙干旱区的水蚀，培肥地力，提升耕地质量乃至对黑龙江省旱作农业可持续发展意义深远。

秸秆覆盖还田、条带耕作与深松整地技术配套实施，一是能有效解决风沙干旱区坡耕地春季受风蚀和夏季受水蚀侵害造成的水土流失问题；二是通过秸秆覆盖还田条带耕作提高土壤蓄水保墒能力，能有效缓解春季干旱和地温低影响出苗的问题；三是秸秆还田可以提高土壤有机质含量，培肥地力，增加微生物活性，提升耕地质量；四是通过深松打破犁底层增加耕层厚度，提高土壤耕层的通透性、蓄水保水和供水能力，利于作物根系生长，提高作物的抗逆性。

二、适应区域

该技术模式适用于松嫩平原西部风沙干旱区除低洼地以外的耕地，以种植玉米为主。

三、操作要点

以 3 年为一个循环周期，第 1 年种植玉米，采用深松整地＋秸秆覆盖还田条带耕作技术；第 2、第 3 年种植玉米，采用秸秆覆盖还田条带耕作技术。

（一）第 1 年种植玉米，采用深松整地秸秆覆盖还田条带耕作技术

1. 地块选择

土地集中连片，对于坡耕地坡度＜5°。

2. 秸秆粉碎还田

由于玉米秸秆量大，秋收时采用带抛撒器和底刀的收获机械，边收获边将

秸秆粉碎均匀抛撒田间。如果第一次秸秆粉碎后倒伏秸秆或垄沟里的长秸秆多，需晾晒几天后用带有前置式拨草轮的地面秸秆粉碎机将秸秆二次粉碎至85％以上达到10cm以下，以不影响出苗为准，可以明显提高秸秆粉碎效果，为整地、播种创造条件。

3. 深松整地

土壤紧实度超过14kg/cm^{2}时，用200马力以上的垂直立体深松机、薄壁弯刀式深松机或联合整地机等深松设备进行深松整地，深松整地以端头土体疏松土壤、不扰动土层、不破坏耕层结构为标准。深松深度以打破犁底层为原则，一般为25～35cm。

4. 秸秆归行

播种前根据土壤墒情决定秸秆归行时间，如果5cm耕层土壤含水量大于等于28％，可以在播种前两天采用拖拽式秸秆归行机进行归行作业，如果5cm耕层土壤含水量小于28％，可以在播种同时用前置式拨草轮的免耕播种机进行秸秆归行和播种作业。一般等行距条带耕作的地块，苗带清理宽度为20cm；宽窄行条带耕作的地块，苗带清理宽度为40cm。

5. 播种与施肥

（1）品种选择。要选择增产潜力大、抗逆性强、适宜密植的品种，熟期比当地主推品种短3～5d，积温比当地正常积温少100℃，生育期在122～125d。

（2）肥料选择与施用。根据多年测土配方施肥研究，不同的养分含量，不同的土壤类型应用不同的施肥配方。

氮肥（N）用量为120～180kg/hm^2，土壤全氮和速效氮含量均高的土壤采用低施肥量，土壤全氮和速效氮含量均低的土壤取高施肥量；钾肥（K$_2$O）用量为34.5～64.5kg/hm^2，土壤速效钾含量高于200mL/kg时，钾肥（K$_2$O）用量34.5kg/hm^2，速效钾含量低于100mL/kg时，钾肥（K$_2$O）用量64.5kg/hm^2；磷肥的适合用量不同土壤类型差异较大，草甸土、暗棕壤、风沙土、磷肥（P$_2$O$_5$）用量在45～75kg/hm^2，黑钙土磷肥（P$_2$O$_5$）用量在75～120kg/hm^2；耕层较厚保水保肥性能好的耕地可选用合适配比的优质缓释控失掺混肥料，播种时一次性分层深施肥，可以免追肥；保水保肥性差的沙土或沙砾底土壤遵循少吃多餐原则，磷钾肥和40％的氮肥应用底肥施入，剩余60％氮肥采用部分缓释控失氮肥在玉米拔节期追施。

建议玉米种子采用抗旱种衣剂＋磷酸二氢钾营养包衣，苗期、拔节期、鼓粒期提倡根外叶面施肥，喷施磷酸二氢钾及腐植酸叶面肥等提高产量和品质；

根据测土配方施肥及作物营养诊断建议，注重微量元素的应用，按照土壤检测指标选择相应的微量元素肥料进行叶面喷施；有条件的地块可结合深松整地增施有机肥每公顷 $30\sim45m^3$。

（3）播种时期。春季当耕层 5cm 地温稳定通过 $5\sim7℃$ 时可以播种，松嫩平原西部风沙干旱区丘陵漫岗及低山区播种期一般在 4 月 20 日至 5 月 15 日。

（4）种植与施肥。播种时采用牵引式重体免耕播种机一次作业完成清理种床、精量播种、侧深施肥、覆土、镇压环节。播种密度按品种特性，一般早熟品种每公顷 7.5 万株左右，中早熟每公顷 6.5 万株左右，中晚熟每公顷 6 万株左右。播种深度要求镇压后 $3\sim5cm$，土温低早播种的地块要保证播深 3cm左右。

（5）覆土和镇压。免耕播种机开沟器夹角一般为 12°，种子在 $3\sim5cm$ 深度，开沟器后面的镇压轮把湿土挤压在种子上。如果垄台疏松，播种后可再用 V 型镇压器压一遍保墒。如果播种时土壤湿黏，镇压轮黏泥不能正常作业时，可把镇压轮换成覆土圆盘，调整好角度和作业速度，使苗带处培出垄尖，播后表土风干 1cm 时再镇压，实现"浅播种、培尖垄、巧镇压"。

6. 补水

播后如土壤墒情不好，农户可采用坐滤水用的大水桶直接对苗带补水保苗，保证出苗率达到 95％以上。

7. 化学除草

根据近几年杂草发生种类和除草经验，因地制宜选择一次性苗后除草剂，一般选用烟嘧磺加硝磺草酮，在玉米 $3\sim5$ 叶期，杂草 $2\sim4$ 叶期兑水茎叶喷雾；当田间有红根狗尾草时，选用苯唑草酮在玉米 8 叶期前茎叶喷雾。

8. 中耕追肥

条带耕作地块一般在 6 月中下旬，采用带切刀和护苗器的中耕机结合追肥进行深松作业，深松休闲带，深松深度 25cm 以上，深度调整要根据土质、板结程度、墒情灵活掌握，以不跑墒、不端垄、不埋苗为原则，追肥以垄沟追肥为宜，靠回土埋肥。

9. 病虫害防治

遵循"预防为主，综合防治"的原则，优先采用生物、农艺、物理防治，使用化学防治时用药要科学。

（1）主要病害防治。玉米丝黑穗病：选择抗病品种，适期晚播，合理轮作，选用含三唑类的药剂拌种。

玉米茎基腐病：选用抗病品种，适期晚播，增施钾肥，选用含咯菌腈或吡唑醚菌酯的药剂拌种。

玉米大斑病：选用抗病品种，适期早播，适度密植，大喇叭口期至抽雄期采用氟硅唑、嘧菌酯、醚菌酯、吡唑嘧菌酯防治。

（2）主要虫害防治。黏虫：百株玉米有 30 头黏虫，幼虫 3 龄之前防治，建议选用高效氯氟氰菊酯、溴氰菊酯＋吡虫啉、高效氯氟氰菊酯＋阿维菌素等。

玉米螟：合理轮作，选用抗虫品种，释放赤眼蜂，玉米抽雄初期（雄穗抽出 5%～10%）喷施氯氟氰菊酯、氯虫苯甲酰胺、噻虫嗪、阿维菌素、白僵菌、短稳杆菌、苏云金杆菌，禁止使用毒死蜱等有机磷杀虫剂，以减轻对生态环境的影响。

10. 收获

10 月中下旬机械收获。

（二）第 2 年种植玉米，采用秸秆覆盖还田条带耕作技术

技术要点与第 1 年相同，具体见上文。

（三）第 3 年种植玉米，采用秸秆覆盖还田条带耕作技术

技术要点与第 1 年相同，具体见上文。

四、效益分析

（一）经济效益

常规：以 3 年为一个周期，农民常规整地需要"秸秆离田＋灭茬＋起垄镇压＋坐水播种＋2 次中耕追肥"等环节，作业成本为 80 元/亩，3 年作业成本 240 元/亩（未计其他农资投入成本，下同）。

模式：深松整地＋秸秆覆盖还田条带耕作＋免耕播种＋一次中耕追肥成本 60 元；一个循环周期，模式比常规共减少投入 60 元/亩。

模式与常规比较：第一个周期增产不显著。经 2 到 3 个循环周期建设，耕地质量得到恢复和提高，土壤保水保肥和供水供肥能力得到改善，年均增产玉米 40kg/亩以上，年均节支 20 元/亩，年均节本增收 69.6 元/亩，周期内节本增收 208.8 元/亩。

（二）生态效益

一是增强土壤抗御风蚀、水蚀能力，有效防止水土流失；二是提高土壤抗旱保水能力；三是改善土壤的物理性状，增加耕层厚度，提高土壤有机质含量、培肥地力；四是避免农民在田间地头直接焚烧秸秆，保护环境，变废为宝，有利于生态农业发展。

（三）社会效益

改变传统坐滤水种植方式，实施免耕播种，播种效率明显提升，可以有效解放农村劳动力，促进土地适度规模化经营；还可改善农村环境，增加农民收入，提高农业的综合效益，促进农业的可持续发展。

（四）推广前景

通过秸秆覆盖还田条带耕作技术，既实现了在有秸秆覆盖的情况下种植玉米不减产，长期实施可培肥地力，提高产量，又解决了农民为种地不得不焚烧秸秆的难题，特别是深松整地与秸秆覆盖还田条带耕作技术配合实施，对于风沙干旱区防风固土蓄水保墒作用意义巨大，而且该模式也必将随着种植者老龄化速度的加快和土地托管服务体系的迅速发展，推广面积逐年加大，具有广阔的推广前景。

第四节　水田类型区

水田类型区主要分布在三江平原及松嫩平原中南部。土壤类型主要以草甸土、沼泽土、低地白浆土、水稻土为主。该区土壤结构不良、透水性差、养分低；土壤酸化加剧，井灌区地下水位下降。主要技术路径：严格控制井灌稻种植规模，保护利用地下水资源；加强田间节水、排水工程建设，提高水资源利用效率；实施水稻秸秆还田，培肥地力；推广水稻节水控灌技术，节约用水。水田主推黑土地保护技术模式1个，即黑龙江稻田土壤秸秆还田水肥优化培肥技术模式。

一、技术原理

黑龙江稻区普遍缺乏有机肥源，秸秆还田是保护培肥土壤的主要途径。通过不同年度交替运用秸秆翻压、旋埋、搅浆还田方式配套无动力整地技术、"浅湿干"灌溉技术的实施，有效解决稻区秸秆还田后由于长期淹水造成的还原性物质危害、土壤供氮能力下降和养分不均衡等问题，提高土壤有机质含量，改善土壤结构，促进土壤水、肥、气、热的综合协调利用，有利于土壤微生物活力和作物根系生长，协调平衡土壤养分，提高了肥料利用效率，实现了稻田土壤保护性利用。

二、适用范围

土地平整、黑土层厚度在 25cm 以上、适宜还田作业的黑龙江省水稻产区。

三、操作要点

以 3 年为一个循环周期,不同水稻秸秆还田方式交替进行。第 1 年实施水稻秸秆翻压还田,第 2 年实施水稻秸秆旋埋还田或水稻秸秆搅浆还田,第 3 年实施水稻秸秆旋埋还田或水稻秸秆搅浆还田或施用有机肥。一块田 3 年内至少要进行一次秸秆翻压还田。

(一)第 1 年实施水稻翻压秸秆还田技术

1. 地块选择

土地连片,田面平整,适宜秸秆还田作业,长期种植水稻的田块。

2. 秸秆粉碎

秋季水稻收割机启用稻草粉碎装置,收获时秸秆粉碎 10cm 以下,留茬高度 15cm 以下。粉碎后的秸秆抛撒均匀、不积堆。

3. 秸秆翻压还田

收获后土壤达到宜耕状态,采用≥90 马力的拖拉机配套水田翻地犁进行秸秆翻扣作业,翻耕深度要达到 20~25cm,扣垡严实,表面外露秸秆不超过 5%。

4. 旋耕碎垡作业

秋季深翻作业完成 3~5d 晾晒后,用旋耕机对翻压作业地块进行旋耕碎垡作业。对于秋季时间紧或土壤墒情过高无法进行秋季旋耕作业的地块,可以在春季进行旋耕作业。

5. 无动力平地作业

春季旋耕碎垡作业的田块施用底肥后直接灌水泡田,泡田 3~5d 后实施无动力平地作业,平地时控制田间持水量,使用平板耢或无动力平地机超平 1~3 次,不进行搅浆作业,尽量减少平地遍(次)数,保持土壤结构性。平地后灌水,达到待插状态。

6. 旱育壮秧

(1)选用良种。根据当地气候条件,选用高产、优质、抗稻瘟病能力高、根系活力强的主栽水稻品种。

(2)种子处理。采用水稻智能浸种催芽设备和技术标准进行浸种催芽,催芽种子必须 15～20℃环境下摊开炼芽晾种。

（3）播种。日平均气温稳定通过 5～6℃时即可播种，播种时控制播种量。机械插秧播种量：每平方米 0.6～0.75kg；人工插秧播量：每平方米 0.5kg 左右。

（4）秧田管理。

a. 播种至出苗期。密封保温。要求棚内温度不超过 32℃，超过此温度时开始通风。此期一般不浇水。

b. 出苗至 1.5 叶期。棚温控制在 22～25℃，最高不超过 28℃，及时通风炼苗，水分管理除苗床过干处补水外，一般少浇或不浇水，使苗床保持旱育状态。

c. 秧苗 1.5～2.5 叶期。重点是控制温度和水分，棚温控制在 20～22℃之间，最高不超过 25℃。此期要加大通风炼苗，棚内湿度大时下雨天也要通风炼苗。

d. 秧苗 2.5～3.0 叶期。棚温控制到 20℃。移栽前全天揭膜，锻炼 3d 以上，遇到低温时，增加覆盖物，及时保温。

（5）苗床除草。水稻 1.5～2.5 叶期，稗草 2～3 叶期，10％氰氟草酯（千金）乳油 900mL/hm² 与 48％灭草松（排草丹）水剂 2 400～2 700mL/hm² 混配，兑水 225L/hm² 茎叶处理，防治稗草和阔叶杂草。如秧田阔叶杂草较少时，则只选择千金等杀稗剂防除稗草。

（6）苗床防病。秧田发现中心病株时，水稻 1.5～2.5 叶期，30％恶·甲（瑞苗青）水剂 1～1.5mL/m²，兑水 5L 喷雾。严格做到边喷药边喷水洗苗，严防烧苗现象发生。

7. 本田管理

（1）插秧时期。日平均温度稳定通过 12～13℃时开始插秧。5 月 5 日开始插秧，5 月 25 日结束，水稻最佳插秧期 5 月 15—25 日，杜绝 6 月插秧。

（2）科学灌水。实行"浅、湿、干"节水灌溉，改善土壤的通气性。水稻移栽后水深 3～5cm，秧苗返青后应采用湿润灌溉，以促进土壤气体交换和有害气体释放。花达水 1～2d 后，再灌新水 3～4cm，如此反复直到灌浆初期。分蘖终止期排水晒田，生育中期遭遇低温冷害灌水"护胎"，冷害解除后及时洒水，避免长期淹水造成有害气体"沤根"现象。灌浆至成熟期采用间歇灌溉，干干湿湿，收割前 5～7d，排水晒田，防止脱水过早青枯、早衰。

（3）测土配方施肥。根据土壤肥力和目标产量确定合理施肥量，养分投入总量控制为：氮肥 100～150kg/hm²、磷肥 40～60kg/hm²、钾肥 40～75kg/hm²。氮肥 30%～40% 做基肥，40% 做蘖肥（6 叶前、7 叶末分两次等量施入），20%～30% 做穗肥（拨开主茎，可以看到 2 个节，节上小穗大小约 1cm 为施穗肥最佳时期）；磷肥全部做基肥施入；钾肥 50% 做基肥，50% 做促花肥；在水稻分蘖期至灌浆期喷施 1～2 次含腐植酸叶面肥。

（4）化学除草。当稗草 1.5～3 叶期、阔叶杂草 3～4 叶期采用喷雾法除草。每公顷可用 90.9% 禾草敌 3 000mL＋48% 灭草松 2 500mL，施药前需排水，使杂草露出水面，喷液量为 750L，施药后 48h 灌水，稳定水层 3～5cm，保持 5～7d。常年保持稻田四周和池梗无杂草。

（5）病虫害预防。采用生物防治技术，对稻瘟病以预防为主，6 月下旬开始防叶瘟，7 月中下旬至 8 月初防穗颈瘟。可用生物性农药春雷霉素或井冈霉素等农药预防，每公顷 450～750g，兑水 1 000 倍液叶喷，统防统治。发现负泥虫，可人工扫除。

（6）适时收获。稻谷完熟达 90% 即可收获，适时早收，水稻收割机启用稻草粉碎和均匀抛撒装置，为秸秆还田创造条件。

8. 特殊处理

在计划秸秆深翻压田地块，当秋季遭遇土壤湿度过大、土壤黏重、秸秆粉碎达不到翻压还田标准等情况下，不宜硬性实施翻压还田，可在春季墒情适宜的条件下翻压，如果春季仍然不能作业，转为实施春季搅浆还田。

（二）第 2 年、第 3 年实施水稻秸秆浅埋还田技术

根据当地实际情况，可选择实施秸秆浅埋还田包括浅翻压还田、旋地还田和搅浆还田或有机肥还田。

1. 浅翻压还田作业

秋季水稻收割机启用稻草粉碎装置，收获时秸秆粉碎 10cm 以下，留茬高度 15cm 以下。粉碎后的秸秆抛撒均匀、不积堆。秋季或春季，当土壤达到宜耕状态，采用圆盘驱动犁等水田翻地犁进行秸秆翻压作业，翻压深度 15～18cm，表面不外露太多的秸秆。翻耕后 3～5d，进行旋耕作业。

2. 旋地还田作业

秋季水稻收割机启用稻草粉碎装置，收获时秸秆粉碎 10cm 以下，留茬高度 15cm 以下。粉碎后的秸秆抛撒均匀、不积堆。土壤达到宜耕状态，采用旋耕埋草机械进行秸秆埋草作业，旋耕深度 15～18cm，表面不外露太多的秸秆。

3. 搅浆还田作业

（1）常规搅浆还田作业。秋季水稻收割机启用稻草粉碎装置，收获时秸秆粉碎 10cm 以下，留茬高度 15cm 以下。粉碎后的秸秆抛撒均匀、不积堆。春季提早泡田 5～7d，泡田前表面撒施 45kg/hm² 尿素调整碳氮比，配合喷撒适量秸秆腐熟剂加速秸秆发酵。当泡田水变色，秸秆变色软化后撤掉泡田水达到 3cm（花达水）状态，用秸秆打浆还田机搅浆 2 遍，沉浆后即可插秧。

（2）特殊情况搅浆还田作业。当秋季遭遇土壤过湿、秸秆过长、留茬过高等不利情况，可在封冻前、化冻后用圆盘犁浅翻，浅翻深度 13～15cm，达到秸秆与土壤初步混合、秸秆少堆积和预防整地时机械缠草的作用。春季提早泡田 5～7d，泡田前表面撒施 45kg/hm² 尿素调整碳氮比，配合喷撒适量秸秆腐熟剂加速秸秆发酵。当泡田水变色，秸秆变色软化后撤掉泡田水达到 3cm（花达水）状态，用秸秆打浆还田机搅浆 2 遍，沉浆后即可插秧。

4. 科学施肥与化肥减施

秸秆连续还田 2 年以后可以减少 10％左右的氮磷肥，减少 15％的钾肥；连续 3 年秸秆还田后钾肥用量可以减少 30％左右。连续实施 2～3 个保护模式后，总施肥量可以减少 30％～40％。氮、钾肥减肥的重点是在基肥和穗肥。

5. 其他管理

除了秸秆还田作业和施肥有所不同外，其他种植技术与第 1 年均相同。

四、效益分析

（一）投入成本

以 3 年为一个循环周期。

常规：第 1 年水田翻地 30 元/亩，旋耕、搅浆整地 70 元/亩；第 2、3 年旋耕、搅浆整地 140 元/亩。3 年平均每年 80 元/亩。

此模式：第 1 年水稻秸秆粉碎深翻还田作业平均 130 元/亩，水平地 30 元/亩；第 2、第 3 年水稻秸秆全量粉碎旋耕还田，浅翻、旋耕和平地 300 元/亩。3 年平均每年 153.3 元/亩。

此模式比常规每年平均增加作业成本 73.3 元/亩。

（二）经济效益

此模式第 1 年与常规持平，第 2、第 3 年平均增产 7％，年均增产水稻 35kg/亩，3 年共增产水稻 70kg/亩，增收 210 元/亩（水稻价格按 3.0 元/kg 计算），扣除新增作业成本 73.3 元/亩、秸秆腐熟剂补贴 15 元/亩、增施尿素

5.4 元/亩，模式一个循环周期可增加收益 116.3 元/亩。

（三）生态效益

一是增加土壤有机质含量，改善土壤理化和生物性状，加厚培肥耕层，提升耕地质量。二是减少了秸秆焚烧、无序堆放等现象，对环境保护具有明显作用。

（四）社会效益

实现了北方高寒地区 1 年 1 熟制生产周年水田秸秆全量还田目标。改善农村环境，提高粮食产量，增加农民收入，提高农业的综合效益，促进农业的可持续发展。

黑龙江省黑土保护区域技术模式典型案例

第一节　哈尔滨市呼兰区黑土地保护利用技术模式

一、旱平地米豆杂轮作黑土培肥技术模式

（一）技术原理

以测土配方施肥和建立"三三"耕作制度为基础，充分利用当地秸秆和有机肥资源，持续增加耕地有机物料投入，稳定提升耕地质量（图5-1）。

（1）玉米秸秆粉碎翻埋还田深耕30cm以上，打破犁底层，维持耕作层厚度，调整土壤理化性状。

（2）秸秆覆盖免耕还田大幅度降低生产成本，解决秸秆焚烧、出地问题。

（3）增施有机肥，将有机肥施用在杂粮、杂豆和经济作物茬口，大幅度提高作物产量和品质，增加收入水平，提高增施有机肥的积极性。

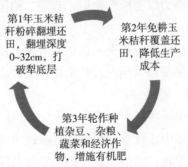

第1年玉米秸秆粉碎翻埋还田，翻埋深度0~32cm，打破犁底层

第2年免耕玉米秸秆覆盖还田，降低生产成本

第3年轮作种植杂豆、杂粮、蔬菜和经济作物，增施有机肥

图5-1　增施有机物料"两还一增"模式图

（二）适用范围

1. 耕地类型

旱田平地黑土类型区。土层厚度 30cm 以上，熟土层厚度 20cm 以上，可使用大型机械化作业的田块。

2. 自然条件

第一、二积温带，常年降雨量 500～600mm，1 年 1 熟制，种植玉米为主的米-豆（杂）轮作适宜区。

（三）操作要点

1. 玉米秸秆粉碎翻埋还田

（1）秸秆粉碎。秋季玉米用联合收割机收获后，秸秆粉碎还田机将秸秆打碎至小于 10cm，均匀铺撒地表。若玉米秸秆粉碎长度超过 10cm，需进行二次粉碎。

（2）施氮肥和秸秆腐熟剂。当季土壤养分测试氮素水平低的地块，在翻地前每亩应用秸秆腐熟剂 2～3kg 加尿素 5kg 兑清水 40L，均匀喷洒地表秸秆上，调节碳氮比，避免发生与作物秧苗争氮现象，加快秸秆腐熟。

（3）一次耙地。用 200 马力以上的机车牵引重耙机，快速耙地，最好行走时有点斜度，直垄耙地也可以，掌握速度是关键，太慢效果不好，快了要防止拖堆。如果秸秆打碎程度较好，并分布均匀，此步可省去。

（4）翻地。用 200 马力以上的机车牵引翻转犁混拌翻埋秸秆至 32cm 深度，保证不出堑沟，将秸秆基本压入土层下，表面很少见到外露的秸秆。

（5）二次耙地。秸秆翻埋 5d 后，土壤风干，再用重耙机呈对角线方向耙地 2 次，耙地后保证无立垡、无坐垡，残留的秸秆及根茬要翻压干净，无"鸡窝"现象。

（6）起垄。用 200 马力以上机车牵引，起垄、镇压一次成型，做到垄向笔直，达到待播状态。

（7）春季正常播种施肥，生长期正常田间管理，秸秆粉碎翻压还田每 3 年一次，保证深翻耕作效果在持效期内。整个操作流程应用相关机械见表 5 - 1。

2. 秸秆免耕（少耕）覆盖还田

在上年深松深翻的玉米茬口上实施。

（1）秸秆免耕覆盖还田。秋季玉米应用联收机收获后，如果玉米秸秆粉碎长度过长，需进行二次粉碎，用秸秆粉碎机削茬和粉碎过长秸秆至小于 10cm，粉碎秸秆大部分分散到垄沟，垄上的秸秆要铺撒均匀，保持垄型完整。来年春季应用"免耕播种机"适时播种施肥，常规田间管理。

表 5-1　黑土地保护玉米秸秆粉碎翻埋还田应用相关机械列表

作业内容		机械名称	型号	马力	产地	机器价格（万元）	作业量（亩/h）	亩成本（元）
秸秆粉碎	牵引	2204 拖拉机	2204	220	德国	98	50	20
	还田机	格兰还田机	PXZ400		德国	27		
耙地	牵引	275 拖拉机	克拉斯	275	德国	96	40	20
	耙地	雷肯高速耙	RUBIN9KA		德国	35		
翻地	牵引	2204 拖拉机	2204	220	德国	98	20	40
	深翻	雷肯翻转犁	LEMKEN		德国	36		
起垄	牵引	凯斯 210	210	210	美国	68	40	30
	起垄	绥化龙海联合整地机	SGTN-350		国产	31		
农户常规整地	搂秸秆焚烧	小四轮		40	国产	0.5	20	12
		搂草耙			自制	0.1		
	旋地起垄	雷沃 904	904	90	国产	9	10	33
		旋耕整地机			沈阳	1.7		

（2）秸秆少耕覆盖还田。秋季玉米应用联收机收获后，如果玉米秸秆粉碎长度过长，需二次粉碎，用秸秆粉碎机削茬和粉碎过长秸秆至小于 10cm，粉碎秸秆大部分分散到垄沟，垄上的秸秆要铺撒均匀，保持垄型完整。应用专用垄上旋耕深松机械实施垄上深松作业，旋深 15～18cm，保持垄型完整。来年春季以免耕播种机适时播种施肥，常规田间管理。免耕作业应用相关机械见表 5-2。

表 5-2　黑土地保护玉米秸秆免耕作业还田应用相关机械列表

作业内容		机械名称	型号	马力	产地	机器价格（万元）	作业量（亩/h）	亩成本（元）
秸秆粉碎	牵引	484 拖拉机	484	48	宁波	6	10	10
	还田机	秸秆粉碎还田机	130		河北	0.48		
垄上旋耕	牵引	554 拖拉机	554	55	宁波	6	6	20
	旋耕机	垄体深松灭茬成垄机			东北农大	0.8		
免耕播种机	牵引	484 拖拉机	484	48	宁波	6	8	15
	播种机	免耕播种机	2BM-2		东北农大	0.85		

（续）

作业内容		机械名称	型号	马力	产地	机器价格（万元）	作业量（亩/h）	亩成本（元）
农户常规整地	搂秸秆	小四轮		40	国产	0.5	20	12
	焚烧	搂草杷			自制	0.1		
	旋地起垄	雷沃904	904	90	国产	9	10	33

3. 增施有机肥

秋季收获后秸秆出地，初冬土壤冻结后和春季土壤化冻前，应用有机肥抛撒车均匀抛撒无害化处理的优质有机肥，有机肥堆沤运输抛撒半径控制在5～7km范围内，达到有效覆盖，降低成本，有机肥施用量2～3t/亩。春季常规整地和播种施肥，依种植作物适当进行化肥减量，减量幅度控制在常规施肥量的10%～20%。增施有机肥安排在大豆、杂粮和经济作物茬口。

4. 测土配方施肥技术

（1）基肥与口肥相结合。选用适合的播种施肥机械，实施双层施肥。基底肥根据作物产量目标、化肥品种（常规肥料、新型肥料、缓释肥料）确定测土施肥施用量，口肥（种肥）选用口肥套餐肥或磷酸二铵。

（2）生物肥料。选择适宜的生物土壤改良剂和植物微生物菌肥营养液等调控植物长势，改良土壤微生物环境。

（3）化控、调理剂。使用化控剂降低玉米植株高度，过酸过碱土壤应使用土壤调理剂。

（四）效益分析

1. 经济效益

（1）整地作业成本以3年为一个周期，农民常规整地采用焚烧秸秆加春季旋耕机起垄整地作业，每年作业成本45元/亩，3年作业成本135元/亩。

此模式：第1年秸秆粉碎深翻作业90元/亩；第2年免耕秸秆覆盖作业10～30元/亩；第3年浅耕增施有机肥360元/亩。3年共计增施有机物料和整地作业成本460～480元/亩。此模式比常规3年作业成本增加325～345元/亩。

（2）增产增收以第1年秸秆深翻埋还田增产5%和玉米市价计算，增产玉米32.5kg/亩，按玉米1.4元/kg计算，增收45.5元/亩；第2年免耕秸秆覆盖还田产量与常规生产持平，没有增收；以第3年轮作杂粮经济作物（以马铃薯计）增产15%计算，平均增产300kg/亩，按马铃薯1.2元/kg计算，增收

360 元/亩。此模式比常规耕作增收 405.5 元/亩。

（3）节本增效 3 年一个周期内，此模式作业成本增加 365～385 元/亩，增加收入 405.5 元/亩，扣除农机深松补贴 40 元/亩，共计节本增效 60.5～80.5 元/亩，详见表 5-3。

表 5-3　此模式相关耕作措施 3 年成本核算表

年度	作业内容	整地投入（元/亩）	农机深松补贴（元/亩）	实际整地投入（元/亩）	增产率（%）	增产（kg/亩）	增收（元/亩）	备注
第 1 年	秸秆粉碎深翻深埋还田	130	40	90	5	32.5	45.5	1. 玉米 3 年平均亩产按 650kg 计 2. 玉米按 1.4 元/kg 计
第 2 年	免耕秸秆覆盖作业	10～30	0	10～30	0	0	0	如垄上不旋则投入 10 元
第 3 年	浅耕增施有机肥	360		360	15	300	360	1. 马铃薯平均亩产 0.2 万 kg，按 1.2 元/kg 计 2. 有机肥投入 2t/亩。每吨按 180 元计，费用包括堆沤、抛撒
模式 3 年合计		500～520	0	460～480			405.5	
常规 3 年整地投入合计	搂秸秆机械焚烧人工费	135	0	135				按 45 元/（亩·年）计算
3 年合计与常规 3 年相比		增加365～385	0	增加325～345			增加80.5～60.5	

2. 社会效益

利用合作社和养殖企业现有机械设备，在增加投入相对较少的情况下，在 3 年一个黑土地保护模式循环内向耕地增加秸秆投入 1 600kg/亩以上，平均增加有机肥投入 3.0t/亩，实现了持续向土壤中投入有机物料，确保土壤肥力逐年递增的黑土地保护目标。

3. 生态效益

实施此模式，能够有效地控制秸秆焚烧，充分利用农作物秸秆、畜禽粪便等有机肥源，增加土壤有机质含量、培肥地力。同时可避免过量施用化肥和养殖企业排污等带来的农业污染，推动绿色食品生产，实现国家粮食和食品安全及农业可持续发展。

二、洼地稻田黑土培肥技术模式

（一）技术原理

综合利用粉碎秸秆同沼液、沼渣、养殖场排泄物制造有机肥还田，沼液无害化处理后直接作为底肥，追肥喷施，水稻秸秆直接还田三项技术，形成以秸秆循环利用、畜禽粪便综合利用的黑土保护利用模式。

（二）适应范围

适宜第一、二积温带，常年降雨量在 500～600mm，全年无霜期≥110d，气候条件适宜 1 年 1 季水稻连作且附近有大中型养猪企业地区。

（三）操作要点

1. 沼液高温堆沤秸秆有机肥

将作物秸秆粉碎，堆成 1.5m 高以上长条堆，利于机械作业，加入秸秆腐熟剂，按高温造肥方法及时翻倒 2～4 次，缺少水分时及时补浇沼液。

2. 秸秆有机肥施用技术

堆沤好的秸秆有机肥，在冬季至春季未化冻前，采用人工扬施到田间，亩用量 1.0～1.5t。扬施时一定要均匀，杜绝成堆，扬施有机肥的地块注意调整化肥施用配方，可适量减少化肥用量 5%～15%。

3. 施用沼液肥

沼液施用前需要无害化处理。作底肥，使用时间在封冻后化冻前，施用适宜量每亩 3t；做追肥，以返青肥地表喷施为宜。

4. 水稻秸秆直接还田

适宜 1 年深翻翻压还田、1 年旋地打浆还田循环操作。

（1）水稻秸秆翻压还田。秋季收获时采用半喂入式收获机械粉碎秸秆并均匀铺洒地面，稻草切碎 10cm 以下，留茬 15cm 以下。使用 90 马力以上机车牵引五铧犁将稻秸翻压到 20～25cm 土壤中。次年春季如土壤墒情允许，可以采用 50 马力以上机车旋地后泡田。

（2）水稻秸秆旋地还田。秋季收获时采用半喂入式收获机械带秸秆粉碎装置，将稻草切碎 10cm 以下，留茬 15cm 以下，秸秆铺撒均匀不拖堆。春季墒情适宜时，用 50 马力以上拖拉机牵引旋地机旋地，旋耕地转速宜高不宜低，便于进一步打碎秸秆并与土壤混合，旋耕深度 14～16cm。泡田 3～5d 后，应用无力平地机秒平 2～3 遍，将秸秆切压到里边，控制秸秆漂浮，不影响插秧。此模式所用机械及成本见表 5 - 4。

表 5 - 4 水稻秸秆还田所用机械及成本表

作业内容	机械名称	马力	产地	价格（万元）	作业量（亩/h）	亩成本（元）	备注
秸秆粉碎	井观 608	60	日本	24.0	3	25	半喂入式收割机
翻压秸秆	东方红 904	90	河南	10.0	5	40	翻深 20～25cm
	五铧犁		山东	1.2			
旋地	东方红拖拉机	50	河南	5.0	5	30	旋深 14～16cm
	水田旋地机		江苏	0.6			
耙地	东方红拖拉机	50	河南		3	35	
	无动力平地机		黑龙江	1.0			
农民常规 旋地	迪尔 484	48	山东	4.0	6	35	旱旋 12cm
水耙地	迪尔 484	48	山东	4.0	6	25	
	水耙耢子		自制	0.12	6		

（四）效益分析

1. 经济效益

（1）作业成本。以 3 年为一个循环周期，农民常规整地，每年平均 60 元/亩，3 年作业 180 元/亩。此模式种植，第 1 年秸秆粉碎深翻作业平均 130 元/亩，第 2 年浅旋还田作业 65 元/亩，第 3 年亩增施有机肥 1.0t，费用 180 元/亩，3 年作业成本 375 元/亩。此模式比常规 3 年增加作业成本 195 元/亩。

（2）节本增收。模式第 1 年产量与常规持平，没有增收。第 2 年浅旋还田增产 5%，增产水稻 28.4kg/亩，增收 96.6 元/亩，按水稻 3.4 元/kg 计（下同），第 3 年增施有机肥增产 7% 计，增产 39.7kg/亩，增收 135 元/亩。减肥 5%，减少化肥投入 1.3kg/亩，减少投入 4.5 元/亩。此模式比常规耕作增收 236.1 元/亩。

（3）节本增效。3 年节本增效共计 41.1 元/亩。具体数据见表 5 - 5。

表 5-5　保护模式相关措施 3 年成本核算表

年度	作业内容	整地投入（元/亩）	增产率（%）	增产（kg/亩）	亩减肥折纯（kg/亩）	增收（元/亩）	备注
第 1 年	秸秆粉碎深翻还田	130	0	0	0	0	粉＋翻＋旋＋耙
第 2 年	浅旋还田	65	5	28.4	0	96.6	旋＋耙（平均产量 567kg/亩）
第 3 年	增施有机肥	180	7	39.7	1.3	139.5	亩施 1t，每吨 180 元
模式 3 年合计投入		375				236.1	
常规 3 年整地投入		180					
3 年合计与常规 3 年相比		+195				41.1	

2. 社会效益

实现了北方高寒地区 1 年 1 熟制生产周期水田秸秆全量还田目标。合作社与养殖企业联合制造秸秆有机肥还田的方式，既能解决养殖企业污染物排放问题，降低企业生产成本，同时又能达到秸秆造肥还田保护黑土地的效果，是秸秆循环利用的良好途径，为化肥合理减量施用和推动绿色食品发展创造有利的条件。

3. 生态效益

实施此模式，促进水稻土熟化和合理耕层的构建，增加了土壤有机质，培肥了地力，使化肥减施得以真正实现，避免了过量施用化肥带来的农业环境和生态环境恶化，提高作物抗逆能力，改善作物品质，提高产量，避免了因秸秆焚烧造成的大气污染。有机肥堆制应用，使养殖企业的排污物得以直接利用，变废为宝，减少了环境污染，使企业走向种、养、加循环立体生产模式，生态效益显著。

第二节　哈尔滨市双城区黑土地保护利用技术模式

一、有机肥施用—秸秆深埋—覆盖还田技术模式

利用畜禽粪便和秸秆资源丰富的优势，第 1 年施用堆制有机肥，第 2 年采

用秸秆深埋还田技术，第 3 年采用秸秆覆盖还田技术，经过以上措施，达到提高土壤有机质，加深耕层，增强土壤肥力的目标。此模式图见图 5-2。

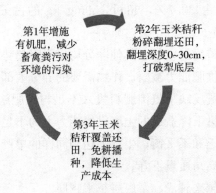

第1年增施有机肥，减少畜禽粪污对环境的污染

第2年玉米秸秆粉碎翻埋还田，翻埋深度0~30cm，打破犁底层

第3年玉米秸秆覆盖还田，免耕播种，降低生产成本

图 5-2 玉米连作区黑土地保护技术模式图

（一）适应区域和问题

1. 适应区域

此技术模式适应哈尔滨市双城区所有土壤类型。旱作黑土区种养殖业发达，秸秆资源和畜禽粪便资源丰富，土地面积大，具有大型农业机械。

2. 区域问题

双城区位于黑龙江省西南部，松嫩平原腹地，是国家重要的商品粮生产基地。全市土地面积 465 万亩，其中耕地面积 351 万亩，主要土壤类型为黑土、黑钙土和草甸土。种植作物以玉米为主，每年均达到 200 万亩以上。由于开垦时间较长，种植作物单一，几种土壤类型的耕作栽培水平和方式基本一致，地力水平趋同，存在的问题也一样。尽管伴随着栽培技术、配套生产技术的不断推广应用，使粮食产量有了大幅度提高，但耕地土壤与第二次土壤普查相比，发生了较大的变化。

（1）土壤养分呈不平衡消涨。以全国第二次土壤普查与 2014 年化验结果的相互比较。

a. 土壤有机质。由平均 3.88% 下降到平均 2.67%，其中含量 2%~3% 的面积由 21.7% 上升到 53.7%。

b. 土壤碱解氮。由平均 209mg/kg 下降到 130mg/kg，其中含量 100~150mg/kg 的占现耕地面积 49.1%。

c. 土壤速效磷。由平均 10.1mg/kg 上升到 45.8mg/kg，其中，普查时含量低于 40mg/kg 的占整个耕地面积的 84.4%，低于 10mg/kg 的占 31.1%，而当前低于 40mg/kg 的面积不到 36%。

d. 土壤有效钾。由平均 185.9mg/kg 下降到 139.5mg/kg 左右，其中普查时超过 200mg/kg 的占 32.7%，超过 150mg/kg 的占 65.4%，而当前低于 150mg/kg 的面积接近 60%。

土壤养分除速效磷增加以外，其他养分均呈下降趋势，并且呈现高速下降的趋势，标志着土壤供肥能力减弱。作物需要的养分大部分来自土壤，氮钾减少、磷素增多的状况既反映了氮钾肥料投入不足与磷肥施用过量问题的后果，也反映了耕地土壤质量下降造成的土壤供给能力上的不足与过剩的问题。由于土壤养分含量上的缺乏和不平衡，生产上达到同样的单产就需要更多的肥料投入，造成生产成本提高与质量下降。

（2）土壤耕作层越来越浅、犁底层越来越厚。

a. 耕层。由第二次土壤普查时的平均厚度 25cm，下降到平均 15.5cm，其中低于 15cm 的占总面积的 45.2%，高于 20cm 的仅占 25.2%。

b. 犁底层。犁底层由平均 5.5cm，增加到 12.6cm，其中最厚的达到 22cm，超过 6cm 的占总面积的 84.4%，超过 10cm 的占 51.6%，超过 15cm 的占 19.0%。

耕层过浅，犁底层增厚，对土壤耕作有多种不利影响，根系伸展不良、化肥施用后局部养分浓度过高、土壤增墒、保墒和增温、保温能力降低等现象毋庸置疑。

（3）土壤物理性状变坏。黑土是双城区主要耕地土壤，占全市总耕地的半数以上。土质黏重，多为重壤至轻黏土。由于土壤表层受到侵蚀，掠夺式经营，化肥的长期施用，土壤理化性状表现出恶化的症状。一是土壤容重增加，由第二次土壤普查时的 $1.1g/cm^3$，增加到 $1.24g/cm^3$，以 $1.15\sim1.25g/cm^3$ 居多，$1.3g/cm^3$ 以上的占总面积的 18.7%；二是土壤板结、紧实，结构由粒状或团粒状转为核块状，通透性较差，土壤总孔隙度由 55% 下降到 47%。蓄水保墒和缓解能力降低，既不担涝也不担旱。土壤物理性状变坏直接导致作物生长不良，抗逆性下降，各种病虫害频发。土壤水分经常在 20~40cm 厚的表土层范围变动。当一次连续降水超过 60mm，土壤即达到饱和，如连续几个晴天，土壤水分又消退到作物感到缺水的程度。

（4）土壤酸化。近些年，复合肥施用量越来越大，每年在 5 万 t 左右，由于复合肥大部分呈酸性，导致土壤逐渐成酸性。据测定，土壤 pH 由土壤普查时的平均 7.2 下降到 6.7 左右，其中普查时超过 7 的占 82.9%，而当前低于 7

的面积接近 85.4%。

（二）技术原理

通过秸秆还田把秸秆中含有的大量有机物和养分，经过一段时间的腐解作用，就可以转化成有机质和养分，增加土壤有机质，改良土壤结构，使土壤疏松，孔隙度增加，容量减轻，促进微生物活力和作物根系的发育，增肥增产。有机肥施用能够改善土壤理化性状，增强土壤保水、保肥、供肥的能力。有机肥中的有益微生物进入土壤后与土壤中微生物形成相互间的共生增殖关系，抑制有害菌生长并转化为有益菌，相互作用，相互促进，起到群体的协同作用，有益菌在生长繁殖过程中产生大量的代谢产物，促使有机物的分解转化，能直接或间接为作物提供多种营养和刺激性物质，促进和调控作物生长，提高土壤孔隙度、通透交换性及植物成活率、增加有益菌和土壤微生物及种群。同时，在作物根系形成的优势有益菌群能抑制有害病原菌繁衍，增强作物抗逆抗病能力，降低重茬作物的病情指数，连年施用可大大缓解连作障碍。

（三）操作要点

1. 有机肥堆腐施用技术

（1）有机肥堆腐过程。将畜禽粪便与秸秆按照比例充分混匀后，浇足水（材料含水量以 60%～70%，即手握成团，触之即散的状态为宜），然后每立方米加 2～3kg 发酵剂，再次充分混匀。将已经充分混匀后的物料，堆放在已选好的（地基坚实向阳处）场地上，堆放时以自然状态，不要用力压紧。堆的大小一般为长 2～3m，宽 2m，高 1.5m，过大管理与施用不便，过小不易发酵。堆好后立即用塑料布封严。一是保肥、保湿，如不封严氮的损失将达17%～20%；二是有利于改善环境卫生，防蚊蝇。

当温度达 60～65℃时，可以进行翻堆，然后每隔 7d 左右倒一次，共倒 3～4次。发酵时间，一般在夏天 20～25d，春秋季 35～40d，冬季长达 2 个月以上。发好的秸秆肥具有黑、乱、臭的特点，有黑色汁液和氨臭味，湿时柔软，有弹性；干时很脆，容易破碎。

（2）堆腐条件的控制。腐熟过程是微生物活动的过程。因此堆腐条件也就是为微生物活动创造条件。

a. 水分。水是微生物生命活动必须物质之一。同时堆肥材料首先必须吸水软化后，才能被微生物分解。水分过多、过少均抑制微生物活动，而影响腐解。一般堆内水分含量保持在 50%～70%，冬季酌减。应注意的是，堆内高温后水分消耗的多，要及时补水。因此最好在升高温以前，就保持堆内足够的水分，这是很重要的。

b. 通气。堆肥的腐熟发酵，主要靠好气性微生物如氨化细菌、硝化细菌、纤维素分解细菌等，当通气不良，好气微生物活动繁殖受到抑制，不易升温；通气过分，不利保温与保肥。

c. 养分。微生物维持生命活动与繁殖要消耗必要的养分和能量。常以碳、氮之比值为指标，按微生物的需要量是每吸收碳 $25\sim30$ 份时，就要有一份氮消耗掉，因此一般指的 C/N，以 $(25\sim30):1$ 为基本标准。碳、氮比值过小，说明氮多（养料多），而碳少（能量少），造成氮的积累，对微生物活动则有抑制作用。若比值过大，如在 $(60\sim80):1$ 情况下，则是因堆肥材料中植物残体量过大，而含氮多的人、畜粪尿量少而造成的，这种情况下应调整堆积材料的比例，即适量加入尿素等含氮化肥，以保证微生物氮的营养，有利于微生物活动，加速发酵腐熟。各种有机物碳氮比值一般为：稻草 $(62\sim67):1$，麦秆 $98:1$，玉米秸秆 $63:1$，泥炭 $(16\sim22):1$，大豆秸秆 $37:1$，苜蓿 $18:1$，杂草 $(25\sim45):1$，人粪 $(12\sim13):1$，畜粪 $(15\sim29):1$。

d. pH。微生物所要求适宜的酸、碱度环境是微碱性（pH $7.0\sim7.5$），当 pH<5.5 和 pH>8.8 时均不利于微生物活动。有机肥在分解初期释放大量有机酸，则使 pH 下降。当分解产生 NH_3 逐渐增加及 C/N 逐渐变小，pH 又有回升，但高达 8.0 以上时，又易引起 NH_4^+ 分解：$NH_4^+ \rightarrow NH_3 + H_2O$ 因而使氮挥发损失，此时可加入新鲜的植物性材料利用分解出有机酸来调节。在 pH 低时要加入石灰、草木灰等碱性物，使 pH 提高。总之为微生物创造良好酸、碱环境条件，促进微生物旺盛活动，有利于分解腐熟。

（3）有机肥的施用。利用抛撒车将有机肥施入农田。

2. 秸秆还田深埋技术

（1）秸秆粉碎。玉米机械收获后，用秸秆还田机进一步打碎秸秆、根茬，使秸秆粉碎长度在 $5\sim10cm$。

（2）翻埋作业。用液压翻转犁进行平翻作业，平翻深度 $30\sim35cm$，秸秆翻埋率≥95％。

（3）耙地起垄。用重耙耙地两遍，使土壤平整细碎，整形起垄。

（4）镇压。用镇压器镇压，压紧压实，以防春季干旱少雨跑墒，达到待播状态。

春季正常播种，正常田间管理。每 3 年操作一次，形成良性循环。

3. 秸秆覆盖还田少耕技术

（1）玉米收获与秸秆处理。用玉米收获机在收获玉米的同时粉碎秸秆，采用摘穗式收获机收获时，要将垄面上的根茬和秸秆粉碎；采用喂入式收获机收获时，留茬高度要低于15cm，秸秆切碎长度在15cm以下。玉米机械收获作业，因玉米倒伏或机械状态等问题，收获后留茬过高、秸秆粉碎达不到要求时，要采用秸秆粉碎还田机进行一次粉碎秸秆作业。

（2）旋松、灭茬整地。寒地玉米采用垄作方式，由于垄台位置高于垄沟，秸秆粉碎抛撒后主要分布于垄沟，垄台秸秆少对整地作业影响小。秋季运用垄台旋灭茬成垄机整地，先对垄台旋松、灭茬，创造出下季作物播种带，将大部分秸秆推入垄沟，满足作物苗期的生长需要。在作物苗期进行垄沟深松、垄帮浅松，克服了秸秆覆盖对作物萌发和出苗等不利影响，满足作物后期生长的需要。

（3）播种施肥。沿深松灭茬带播种玉米，选用通过性强的免耕播种机进行播种、施肥。正常除草和田间管理。

此项技术省略深松、耙地、起垄等整地环节，既实现了秸秆还田，又降低了生产成本。

（四）效益分析

1. 社会效益

每年耕地平均增加有机肥投入1 000kg/亩以上，秸秆全部还田，增加了土壤有机质，改善了土壤理化性状，疏松土壤，防止土壤板结，提高土壤抗旱和耐涝能力。达到土壤生态培肥复壮地力作用，为土地的可持续利用提供了保障，同时为化肥减量施用和绿色食品发展创造条件。

2. 经济效益

（1）常规生产。每亩肥料费用150元，联合整地费用40元。3年整地＋施肥费用：（150＋40）×3＝570元/亩。

第1年玉米产量725kg/亩，玉米价格按1.6元/kg计算，收入1 160元/亩；预计第2年玉米产量735kg/亩，玉米价格按1.6元/kg计算，收入1 176元/亩；预计第3年玉米产量740kg/亩，玉米价格按1.6元/kg计算，收入1 184元/亩。3年合计总收入3 520元/亩。

（2）此模式。第1年施用有机肥：有机肥积造与施用成本平均120元/t，化肥减肥按10%计算，化肥费用每亩135元。有机肥费用＋联合整地费用＋化肥费用＝120＋40＋135＝295元/亩；施用有机肥玉米产量730kg/亩，玉米价格按 1.6 元/kg 计算，收入 1 168 元/亩。

第 2 年秸秆深埋：秸秆深埋费用 100 元/亩，化肥不减量，化肥费用 150 元/亩。秸秆深埋费用＋化肥费用＝100＋150＝250 元/亩；秸秆翻埋还田玉米产量 738kg/亩，玉米价格按 1.6 元/kg 计算，收入 1 180.8 元/亩。

第 3 年秸秆覆盖还田少耕：秸秆覆盖还田少耕每亩 20 元，化肥减肥按 10%计算，每亩化肥费用 135 元。秸秆覆盖还田少耕费用＋化肥费用＝20＋135＝155 元/亩；玉米产量 750kg/亩，玉米价格按 1.6 元/kg 计算，收入 1 200 元/亩。

3 年合计：有机物料投入＋整地＋施肥费用＝295＋250＋155＝700 元/亩；总收入＝3 548.8 元/亩。

（3）此模式与常规比较。此模式与常规相比，亩均增加投入 700－570＝130 元，亩均增加收益 3 548.8－3 520＝28.8 元，实际增加投入 130－28.8＝101.2 元/亩。但随着耕地质量等级提高，生态环境改善，可以逐步加大幅度减少化肥施用量，可减肥 50%以上，农产品质量逐年提高，不仅实现"藏粮于地"，经济效益也会逐年显现。如果每年减肥达到 50%，每年可减少化肥投入 75 元/亩，3 年共减少化肥投入 225 元/亩。而模式的第一个周期 3 年共减少肥料投入 30 元/亩，若经过 2 到 3 个周期建设，比第一个周期可减少化肥投入 195 元/亩，从而增加收入 93.8 元/亩，实现盈利。

因此在模式开始实施阶段，需要政府提供补贴或由有实力的社会化经营主体实施。在第 2 到 3 个周期以后可实现盈利，良性循环。

3. 生态效益

此模式可实现秸秆综合利用，杜绝焚烧，减少碳排放。畜禽粪便得到合理利用，杜绝随意堆放，使乡村空气清新，环境净化，减少污染。有机肥料应用，为农作物生产提供优质肥料，提高农产品品质，有利于人们的身体健康。

（五）推广前景

双城区是典型的平原农业县份，以种植玉米为主，产生大量的秸秆，通常的处理方式都是大量焚烧，既浪费了秸秆资源，又造成了环境污染。双城区又是畜牧大县，有很多养殖大户，由于畜禽粪便处理不及时，造成了很严重的环境污染，同时也浪费了资源。所以在种植业和养殖业大县，充分利用当地的有机肥源和秸秆资源，既提高了地力，又解决了环境污染问题。虽然前期投入成本比较高，但是随着黑土地耕地质量等级提高，土壤环境改善，逐步加大幅度减少化肥施用量，提高农产品品质，经济效益将会逐年显现。

开展黑土地保护，提升耕地土壤基础地力，增强耕地持续高产稳产的能力，保障粮食安全和农业生态安全，树立绿色发展理念，坚持生态为先、发展为重，推进种地与养地、工程措施与农艺措施相结合，依靠科技，加大投入，创新机制，着力改善耕地设施条件，全面提升黑土地质量，探索出一条生态环境明显改善，黑土资源利用率、产出率和生产率持续提升的现代农业发展之路。

二、秸秆碎混还田（部分还田）—有机肥施用—秸秆覆盖还田技术模式

利用畜禽粪便和秸秆资源丰富的优势，第 1 年采用秸秆粉碎部分还田，第 2 年采用有机肥施用技术，第 3 年采用秸秆覆盖还田技术。经过以上措施，达到提高土壤有机质，加深耕层，增强土壤肥力的目标。

（一）适应区域

本技术模式适应哈尔滨市双城区的所有土壤类型。

（二）操作要点

1. 秸秆部分还田技术

（1）秸秆收集。玉米机械收获后，用秸秆打包机把 50％的秸秆打包，运出地外，做其他用途。

（2）秸秆粉碎。用秸秆还田机进一步打碎剩余秸秆、根茬，使秸秆粉碎长度在 5～10cm，越碎越好。

（3）整地作业。用联合整地机正常整地起垄，使秸秆与土壤混合在一起。

（4）镇压。用镇压器镇压，压紧压实，以防春季干旱少雨跑墒，达到待播状态。春季正常播种，正常田间管理。

2. 有机肥堆腐施用技术

与有机肥施用—秸秆深埋—覆盖还田技术模式中有机肥堆腐施用技术相同，具体方法见上文。

3. 秸秆覆盖还田少耕技术

与有机肥施用—秸秆深埋—覆盖还田技术模式中秸秆覆盖还田少耕技术相同，具体方法见上文。

（三）效益分析

1. 社会效益

每年耕地平均增加有机肥投入 1 000kg/亩以上，秸秆还田，增加了土壤

有机质，改善了土壤理化性状，疏松土壤，防止土壤板结，提高土壤抗旱和耐涝能力。达到土壤生态培肥复壮地力作用，为土地的可持续利用提供了保障，同时为化肥减量施用和绿色食品发展创造条件。

2. 经济效益

（1）常规生产。每亩肥料费用 150 元，联合整地费用每亩 40 元。3 年整地＋施肥费用：（150＋40）×3＝570 元/亩。

第 1 年玉米产量 725kg/亩，玉米价格按 1.6 元/kg 计算，收入 1 160 元/亩；预计第 2 年玉米产量 735kg/亩，玉米价格按 1.6 元/kg 计算，收入 1 176 元/亩；预计第 3 年玉米产量 740kg/亩，玉米价格按 1.6 元/kg 计算，收入 1 184 元/亩。3 年合计总收入 3 520 元/亩。

（2）此模式。第 1 年秸秆部分还田：秸秆收集打包费用每亩 60 元，化肥减量 10%，化肥费用 135 元/亩。秸秆打包费用＋联合整地费用＋化肥费用＝60＋40＋135＝235 元/亩；秸秆部分还田玉米产量 730kg/亩，玉米价格按 1.6 元/kg 计算，收入 1 168 元/亩。

第 2 年施用有机肥：有机肥积造与施用成本 120 元/吨，化肥减肥按 20% 计算，化肥费用 120 元/亩。有机肥费用＋联合整地费用＋化肥费用＝120＋40＋120＝280 元/亩。玉米产量 745kg/亩，玉米价格按 1.6 元/kg 计算，收入 1 192 元/亩。

第 3 年秸秆覆盖还田少耕：秸秆覆盖还田少耕每亩 20 元，化肥减肥按 30% 计算，每亩化肥费用 105 元。秸秆覆盖还田少耕费用＋化肥费用＝20＋105＝125 元/亩；玉米产量 755kg/亩，玉米价格按 1.6 元/kg 计算，收入 1 208 元/亩。

3 年合计：有机物料投入＋整地＋施肥费用＝235＋280＋125＝640 元/亩；总收入＝3 568 元/亩。

（3）此模式与常规比较。此模式与常规相比，亩均新增投入 640－570＝70 元，亩均新增收益 3 568－3 520＝48 元，实际新增投入 70－48＝22 元/亩。但随着耕地质量等级提高，生态环境改善，可逐步加大幅度减少化肥施用量，提高农产品质量，不仅实现"藏粮于地"，经济效益也会逐年显现。

三、哈尔滨市双城区连年施用有机肥技术模式

此模式是利用本区畜禽粪便资源丰富的优势，连年施用堆制的有机肥，达到提高土壤有机质，加深耕层，增强土壤肥力的目标。

（一）技术原理

有机肥施用能够改良土壤，改善使用化肥造成的土壤板结。改善土壤理化性状，增强土壤保水、保肥、供肥的能力。

（二）适应范围

旱作黑土区，种养殖业发达，畜禽粪便资源十分丰富的地区。

（三）操作要点

与有机肥施用—秸秆深埋—覆盖还田技术模式中有机肥堆腐施用技术相同，具体方法见上文。

（四）效益分析

1. 社会效益

每年耕地平均增加有机肥投入 1 000kg/亩以上，增加了土壤有机质，改善了土壤理化性状，疏松土壤，防止土壤板结，提高土壤抗旱和耐涝能力。达到土壤生态培肥复壮地力作用，为土地的可持续利用提供了保障，同时为化肥减量施用和绿色食品发展创造条件。

2. 经济效益

常规生产每亩肥料费用 150 元，联合整地费用每亩 40 元。有机肥积造与施肥成本平均 120 元/t，第 1 年化肥减肥按 25％计算，化肥费用每亩 112.5 元，第 2 年化肥减肥按 50％计算，化肥费用每亩 75 元，第 3 年化肥减肥按 80％计算，每亩化肥费用 30 元。

（1）常规生产。(肥料费用＋联合整地费用)×3＝(150＋40)×3＝570 元/亩。

（2）此模式。第 1 年施用有机肥：有机肥费用＋联合整地费用＋化肥费用＝120＋40＋112.5＝272.5 元/亩。

第 2 年施用有机肥：有机肥费用＋联合整地费用＋化肥费用＝120＋40＋75＝235 元/亩。

第 3 年施用有机肥：有机肥费用＋联合整地费用＋化肥费用＝120＋40＋30＝190 元/亩。

3 年每亩整地＋施肥费用＝272.5＋235＋190＝697.5 元/亩。

3 年后整地＋施肥费用模式高于常规生产 127.5 元/亩。

3. 生态效益

畜禽粪便得到合理利用，杜绝随意堆放，使乡村空气清新，环境净化，减少污染。有机肥料应用，为农作物生产提供优质肥料，提高农产品品质，有利于人们的身体健康。

第三节　海伦市黑土地保护利用技术模式

一、黑土米豆杂轮作肥沃耕层构建模式（图5-3）

（一）技术原理

综合应用玉米—大豆—杂粮轮作、深翻、秸秆还田、有机肥施用、测土配方施肥等多项技术，构建肥沃耕层。

利用大豆固氮能力，富集养分于土壤表层，提升土壤肥力。大豆根系可改善土壤结构，增加水稳性团聚体，提升土壤蓄水、保水和供水功能。

利用合理轮作，种植杂粮作物，实现深根作物与浅根作物轮换种植，控制杂草，减少种植作物单一造成的病虫害发生。

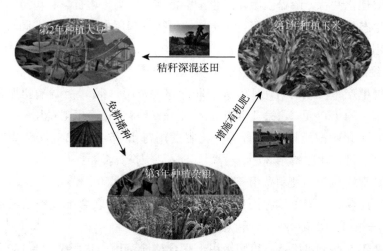

图5-3　米豆杂轮作条件下的肥沃耕层构建模式图

利用机械，在耕作过程中将有机肥、秸秆等能够肥田的农业废弃物混入0～35cm土层中，晾晒后耙地，联合整地机起垄至待播状态。混入的秸秆、有机肥可均匀增加0～35cm土层养分库容，提高土壤中微生物活性，增加土壤养分有效性，改善全层土壤结构，创造适宜的土壤孔隙，形成肥沃耕层，增加土壤的养分供给能力。

利用螺旋式犁壁犁将玉米秸秆深混于0～35cm土层中，打破犁底层，增加降水入渗。降水时，水分能够向下运移；干旱时，水分能够通过毛管运动向上运移，增强土壤蓄水、保水和供水能力，调节土壤水分丰缺，满足作物生育期对水分的需求，提高土壤抗旱耐涝能力，确保苗齐苗壮。

利用测土配方施肥技术，合理施用化肥，提高化肥利用率。

（二）适用范围

适用于黑龙江省三、四、五积温带土壤质地较黏重的黑土。

（三）操作要点

1. 第 1 年

秋季玉米成熟后利用联合收割机进行收获，灭茬机将玉米根茬和散落在田面的秸秆进行深度破碎。利用螺旋式犁壁犁将玉米秸秆深混于 0～35cm 土层中，采用圆盘耙将土壤耙平起垄至待播状态。

2. 第 2 年

种植大垄大豆，按测土配方施肥技术施用化肥，秋季收获后，大豆茬免耕。

3. 第 3 年

种植杂粮（谷糜、杂豆等），按测土配方施肥技术施用化肥，收获后增施有机肥，旋耕起垄至待播状态。

4. 第 4 年

种植玉米，按测土配方施肥技术施用化肥。

5. 操作注意事项

（1）适宜在秋季操作，避免春季整地，土壤跑墒等问题。

（2）灭茬过程中需选用质量好、转速快的灭茬机，尽量将秸秆破碎至 20cm 左右，以免影响深混还田的效果。

（四）效益分析

以 3 年为一个轮作周期，每亩成本增加 43.5 元，效益增加 136.4 元，提高收益 9.09%（表 5-6～表 5-8）。

表 5-6　整地成本核算表

单位：元/亩

序号	项目	传统每年一次联合整地	该模式第 1 年整地，第 2 年免耕，第 3 年浅耕
1	灭茬	20×3	20
2	深翻	—	50
3	耙地	—	20
4	起垄	—	20

（续）

序号	项目	传统每年一次联合整地	该模式第1年整地，第2年免耕，第3年浅耕
5	镇压	—	10
6	旋耕起垄镇压	40×3	40
合计		180（每年一次）	160

表 5-7　传统与该模式种植下玉米和大豆的肥料成本分析

单位：元/亩

肥料	玉米		大豆		杂粮	
	传统	模式	传统	模式	传统	模式
尿素	51.3	39.2	7.3	0	29.3	20.5
磷酸二铵	42.6	32	37.3	32	32	22.4
硫酸钾	24	24	24	24	24	16.8
叶面肥	6	6	6	6	6	6
施有机肥						200
合计	123.9	101.2	74.6	62	91.3	265.7
节本	—	22.7	—	12.6	—	-174.4

注：尿素 2 200 元/t，磷酸二铵 3 200 元/t，硫酸钾 3 600 元/t，叶面肥 90 元/hm² （喷施两次）。

表 5-8　传统与该模式种植下玉米和大豆的效益情况分析

单位：元/亩

作物		成本增减	效益增减	提高（%）
玉米	传统	0	0	—
	模式	-22.7	128	11.94
大豆	传统	0	0	—
	模式	-12.6	104	14.92
杂粮	传统	0	0	
	模式	174.4	2.9	0.24
整地	传统	0		
	模式	-20		
米豆杂合计	模式	119.1	409.3	27.3
年均		39.7	136.4	9.09

注：成本增减是指模式在秋季整地和施肥方面的成本与传统方法相比较，其他成本相同。

效益增减只是采用了黑土地保护利用模式后增加的效益。

米豆杂粮的成本增减、效益增减和提高均是一个周期内3年的平均值，其中成本增减中3年内整地成本节省20元/亩。

二、黑土米豆豆轮作肥沃耕层构建模式（图5-4）

（一）技术原理

（1）黑龙江省北部五、六积温带非常适合大豆种植，实行米豆豆轮作在经济和生态环境两方面都是最优化的生产方式。

（2）大豆根系具有改善土壤结构，增加水稳性团聚体的功能，增加土壤蓄水、保水和供水功能，同时大豆可以固氮、富集养分于土壤表层，实现肥沃耕层构建，提升黑土肥力。

图5-4　米豆豆轮作条件下的肥沃耕层构建模式图

（二）适用范围

黑龙江省五、六积温带土壤质地较黏重的黑土。

（三）操作要点

（1）第1年秋季玉米成熟后利用联合收割机进行收获，灭茬机将玉米根茬和散落在田面的秸秆进行深度破碎，再用螺旋式犁壁犁将玉米秸秆和有机肥深混于0～35cm土层中，用圆盘耙将土壤耙平起垄。

（2）第2年种植大垄大豆，秋季施用有机肥每亩1.5t，采用旋耕机浅旋起标准垄。

（3）第3年种植大豆，秋季免耕。

（4）第4年种植玉米。

（5）种植玉米和大豆均采用精准施肥技术施用化肥。

（6）肥沃耕层构建操作过程中的注意事项如下。

a. 此技术适宜在秋季操作，避免春季整地，土壤跑墒等相关问题。

b. 灭茬过程中需选用质量好、转速快的灭茬机，尽量将秸秆破碎至20cm左右，以免影响深混还田的效果。

（四）效益分析

将肥沃耕层构建技术、浅耕与免耕进行组装配套，玉米、大豆、大豆形成以3年为一个周期的轮耕模式，其中免耕能够降低成本，加上精准施肥技术，以3年为一个周期，每亩节本67.9元，每亩增加效益403.8元，提高效益13.95%（表5-9～表5-11）。

表5-9　整地成本核算表

单位：元/亩

序号	项目	传统每年一次联合整地	第1年整地，第2年浅耕，第3年免耕
1	灭茬	20×3	20
2	深翻	—	50
3	耙地	—	20
4	起垄	—	20
5	镇压	—	10
6	旋耕起垄镇压	40×3	40
合计		180（每年一次）	160

表5-10　传统与模式种植下玉米和大豆的肥料成本分析

单位：元/亩

肥料	玉米		大豆	
	传统	模式	传统	模式
尿素	51.3	39.2	7.3	0
磷酸二铵	42.6	32.0	37.3	32.0
硫酸钾	24.0	24.0	24.0	24.0
叶面肥	6.0	6.0	6.0	6.0

（续）

肥料	玉米		大豆	
	传统	模式	传统	模式
合计	123.9	101.2	74.6	62
节本	—	22.7	—	12.6

注：尿素 2 200 元/t，磷酸二铵 3 200 元/t，硫酸钾 3 600 元/t，叶面肥 90 元/hm²（喷施两次）。

表 5 - 11 传统与模式种植下玉米和大豆的效益情况分析

单位：元/亩

作物		成本增减	效益增减	提高（%）
玉米	传统	0	0	—
	模式	−22.7	150.7	11.94
大豆	传统	0	0	—
	模式	−25.2	233.2	14.92
米豆豆	模式	−22.6	134.6	13.92

注：成本增减是指模式在秋季整地和施肥方面的成本与农民传统方法相比较，其他成本相同。效益增减只是采用了黑土地保护利用模式后增加的效益。

米豆豆的成本增减、效益增减和提高均是一个周期内 3 年的平均值，其中成本增减中计算了 3 年内整地成本节省 20 元/亩。

第四节　桦川县稻田秸秆还田培肥丰产技术模式

一、技术原理

针对桦川县稻田土壤有机质低、土壤板结和容重增加等问题，以及秸秆还田后水稻返青慢、过量施氮和水稻增产难等问题，通过秸秆或者有机肥还田增加土壤有机碳储量；按土壤性质进行少免搅浆耕作能够减少对土壤团粒结构的破坏从而降低土壤容重；通过少免搅浆耕作和浅湿干交替灌溉，来增加通气状况，可减少秸秆还田下的还原性物质含量，并减少稻田甲烷排放；秸秆等有机物料还田有助于减少氮肥用量，结合氮肥实施和追肥以水带氮等技术，进一步减少稻田的氨挥发和氧化亚氮等的排放；通过土壤培肥、高产栽培和氮素诊断措施等综合应用，促进地上地下协同，进而实现水稻高产。上述核心技术与高效植保技术融合，构建了稻田秸秆还田培肥技术模式，实现了土壤培肥和水稻高产相协同的目标。

二、适用范围

桦川县水稻主产区，区域内具有较高的机械化水平。

三、操作要点

（一）秸秆还田

秋季收获时，采用配备秸秆切碎抛撒装置的水稻联合收割机作业，将秸秆粉碎并抛撒均匀，留茬高度一般不超过 20cm，秸秆粉碎长度 10cm 左右。当土壤含水量达到饱和含水量的 40%～60% 时，进行秋整地，通过翻耕或者旋耕实现秸秆入土 80% 以上。无法进行秋整地的低洼田块，可以春季泡田后直接原茬搅浆，使秸秆入土超过 90%，直接达到待插状态。

当土壤有机质含量低于 30g/kg 时，秸秆还田同时可配施 10～15t/hm² 腐熟的有机肥，实现土壤有机碳快速提升。

（二）少免搅浆

秋翻耕地块春季施肥后旱旋耕，春或秋季旋耕后的田块春季直接花达水泡田。在壤土上减少搅浆次数，通过 1～2 次搅浆平地达到待插秧状态。在保水能力强的重壤或者黏土上采用少免搅浆技术，泡田后达到花达水状态，用卫星平地机进行水平地或者用平地埋茬机 1 次埋茬平地促进秸秆入土达 95% 以上，避免搅浆平地过程中水多产生秸秆漂浮的问题。

（三）育苗与移栽

精选种子，保证种子发芽率。机插中苗，苗床每平方米播芽种 2 万～3 万粒（按品种千粒重计算用种量，如品种千粒重 26g，则播量为 520～780g），根据品种特性确定适宜的播量，合理稀播旱育壮苗。水稻插秧前一天，苗床上每亩施用 5kg 七水硫酸锌，通过插秧把肥料带入田间，通过根区施肥促进水稻返青，同时提高对早春低温的抵抗能力，促进水稻早生快发。适时移栽，合理密植，机插秧每平方米 120 株苗左右。其他按当地高产技术规程实施。

（四）施肥

按照水稻目标产量确定氮肥施用总量，基肥氮量 30%～40%，蘖肥氮量 30%～40%，拔节期穗肥比例为 30%；根据土壤养分状况监控施用磷钾肥，磷肥全部作基肥施用，钾肥基肥和穗肥各占 50%；诊断施用氮磷钾肥以外的其他养分。一般每公顷氮肥用量 105～135kg，磷肥用量为 40～70kg，钾肥用量为 40～90kg。秸秆连续还田 2 年氮素穗肥氮量减少 10％，磷肥减少 10％～20％，钾肥减少 20％～30％。还田 3 年以上钾肥可以减少 50％以上。

翻耕地块或者春季旋耕地块，春季施用基肥后旱旋耕，实现全层施肥；秋季旋耕地块，春季施肥后泡田，然后水整地。有条件地区可采用机插侧深施肥机实现基蘖同施。追肥前先晒田然后追肥，实现以水带氮。

（五）灌溉

灌溉采取浅、湿、干节水灌溉技术，井灌区要设晒水池，并适当延长渠道，尽可能提高水温。插秧时田内保持花达水，插后水层要保持苗高的 2/3（以不淹没秧心为准），扶苗返青。插秧后采用干湿交替灌溉方式，每次灌水 3～5cm，待水层达到花达水状态时保持 2～3d，一般淹水时间不超过 3 周，达到 3 周时要排水晒田，通过科学灌溉减少秸秆还田后还原物质危害。水稻减数分裂期当预报有 17℃以下低温时，灌 15～20cm 深水层，护胎。

（六）防病除草

按照当地绿色植保技术进行病虫草害科学防控，加强病虫害预测预报，达到防治指标进行防治，采用物理、化学和生物等措施进行统防统治。苗床上重点预防立枯、青枯和恶苗病等病害，本田重点预防纹枯病、稻瘟病等病害，以及负泥虫、潜叶蝇和二化螟等虫害；科学用药防除稻田恶性杂草。

1. 立枯病药剂防治

在水稻秧苗 1.5～2.5 叶期，防治立枯病，100m² 苗床使用 30％噁霉灵 100mL＋35％甲霜灵 20g 茎叶喷雾。发生立枯病，100m² 苗床使用 30％精甲·噁霉灵 100mL，兑水均匀喷施。97％噁霉灵播种时做床土消毒，每平方米用 1g，发生初期每平方米用 1.5g，兑水后均匀喷施。

2. 水稻恶苗病浸种用的药剂

鉴于近年来桦川县水稻恶苗病菌对咪鲜胺和氰烯菌酯等药剂的抗药性显著增强，采取单独包衣或单独浸种防治恶苗病存在较大风险，生产上宜采取先包衣再浸种的双重防病措施以有效控制恶苗病。种子包衣可选用含有精甲咯菌腈、精甲咯嘧菌、戊唑醇、噁霉灵、精甲霜等成分的包衣剂进行包衣，阴干 12h 后再进行浸种。防治水稻恶苗病的浸种药剂有戊唑醇、种菌唑、咯菌腈、氰烯菌酯、咪鲜胺等单剂及戊氟杀混剂等，应选择与包衣剂有效成分不同的药剂交错使用进行浸种，以提高防治效果。通常浸种 7d，浸种温度控制在 12℃左右。要保证药液与种子充分接触，药液浸种时必须注意的是，液面一定要高出种子层面 15～20cm。

3. 水稻潜叶蝇药剂防治

秧苗带药下地，在水稻插秧前 3～4d，每百平方米用 25％阿克泰 20g 或 70％艾美乐 6g，兑水 15kg 喷洒苗床；5％丁烯氟虫腈乳油或 5％氟虫腈悬浮剂每亩 40mL；3％啶虫脒乳油每亩 30mL；70％吡虫啉水分散粒剂每亩 6g，兑水 15kg 田间喷雾防治；50％灭蝇胺可湿性粉剂 4 000～5 000 倍液喷雾防治。潜叶蝇本田防治的最佳时期应在 6 月上中旬，水稻被害株率达到 5％以上时及时进行本田药剂防治。药剂可选用短稳杆菌、噻虫胺、呋虫胺、噻虫嗪、吡虫啉、吡丙醚等药剂喷雾防治，使用噻虫胺，可兼防负泥虫和稻水象甲。

4. 水稻负泥虫防治

当负泥虫卵孵化率超过 70％，幼虫黄米粒大小，且虫口密度达到 30 头/百株的防治指标时，应进行防治。要积极采取人工物理防治措施。在田间大部分卵已孵化的幼虫发生盛期，于清晨有露水时，用扫帚等将叶片上幼虫扫落至水中，连续进行 3～4 次。喷药防治可选用短稳杆菌、印楝素等生物药剂，化学药剂可用吡虫啉、啶虫脒等。水田禁止使用含拟除虫菊酯类成分的农药，慎用有机磷类农药。喷药时应严格按照《农药安全操作规程》施药，注意用药安全。

5. 稻瘟病的防治

稻叶瘟要在田间发病程度达到 2 级（站在池梗上能看到病斑）时及时喷药。穗颈瘟要在水稻孕穗末期（7 月 25 日至 7 月底）和齐穗期（8 月 5 日至 10 日）两个关键时期喷药预防。防治药剂应尽量选择防效好、能增产和兼防纹枯病等病害的药剂，并可加入芸苔素内酯等优质生长调节剂，做到"一喷多防"和"防病增产"。应优先选择生物药剂，如春雷霉素、春雷·寡糖、多抗霉素、四霉素等生物药剂。化学药剂可选用丙硫唑、肟菌酯·戊唑醇、烯肟菌胺·戊唑醇、嘧菌酯·戊唑醇、嘧菌酯、苯甲·嘧菌酯、嘧菌酯·咪鲜胺、吡唑醚菌酯等药剂，以确保有效控制稻瘟病。在药械的选择上最好应用植保无人机，其雾化效果好，喷药均匀，可以保证防治效果。

6. 纹枯病防治

当田间平均病虫率达到 20％时，可结合防治稻瘟病进行兼防。药剂可选用井冈霉素 A、井冈·蜡芽菌、多抗霉素、申嗪霉素等生物药剂，或肟菌酯·戊唑醇、醚菌·氟环唑、苯甲·丙环唑、稻酰·醚菌酯、噻呋酰胺、苯甲·嘧菌酯等化学药剂。

7. 难治杂草的防治

插秧前、插秧后两次用药封闭除草。插秧前 5～7d，用 12％噁草酮（农思它）3～3.5L/亩直接甩施（一定要看注意事项）。也可用 50％丙草胺 60～70mL/亩＋10％吡嘧磺隆 15～30g/亩，或用 50％稻思达 6g/亩＋10％吡嘧磺隆 15g/亩（水整地后，对水甩施，间隔 3～7d 以后插秧），对禾本科和阔叶草均有效果。插秧后 15～20d，稗草多的地块选对水稻安全、质量好的除稗剂如：2.5％五氟磺草胺 60～80mL/亩；5％嘧啶肟草醚 50～70mL/亩；10％氰氟草酯 50mL/亩＋5％嘧啶肟草醚 60mL/亩；10％氰氟草酯 80mL/亩＋50％二氯喹啉酸 WP60～80g/亩。这几种药剂于稗草 4～7 叶期（株高 10～30cm），放浅水层，进行喷雾，喷液量为 10～15L/亩。此法防除大稗草成本大大降低，稗草死亡快且彻底，对水稻非常安全。

如果阔叶草或杂草多的田块可用 48％排草丹（灭草松，苯达松）150～180mL/亩，46％莎阔丹水剂 130～150mL/亩，70％二甲四氯钠盐 30～50g/亩。其中二甲四氯钠盐因对水稻分蘖有影响，应在水稻分蘖末期使用，兑水均匀喷雾。以上除草剂单用混用皆可，在施药前一天要排干水或撒浅水层，使杂草茎叶充分露出水面，将药液均匀喷到杂草茎叶上，用药后 1～2d 内灌水，并保持 5～7cm 水层 3～5d（如果是国产的药剂要加助剂，水葱多的地块再加40％唑草酮 1g/亩效果会更好）。

四、效益分析

（一）经济效益

实施水稻秸秆翻埋还田，需要在收获时增加抛撒器，每亩增加收获成本 15 元左右，水稻秸秆翻埋较旋耕每亩增加成本 15 元，合计每亩增加成本 30元。应用秸秆还田技术可以减少尿素和氯化钾各 3kg/亩，合计每亩减少成本 7元。通过秸秆还田和科学施肥，每亩水稻增产 40.1kg，每千克水稻按 2.6 元计算，每亩增加效益 104.26 元，扣除增加成本每亩增收 81.26 元。

（二）社会效益

多年多点试验显示，该技术在生产上具有明显的节肥增产效果，虽秸秆粉碎抛撒会增加生产投入，但由于技术具有显著的节肥和增产效果，亩节本增收超过 80 元，如果每年应用 200 万亩以上，可促进农民增收 1.6 亿元以上，社会效益显著。

（三）生态效益

该技术能够增加土壤有机碳储量，并能降低土壤容重，提高土壤氮钾等养分供应能力，土壤肥力的提高可以促进化肥减施和水稻增产。同时，通过化肥减施、氮肥深施和干湿交替灌溉，进一步减少化肥用量，进而减少氨挥发、氧化亚氮和甲烷等温室气体的排放。总之，该技术能够实现培肥、增产和减排的统一，生态环境效益较显著。

第五节　克山县缓坡耕地黑土保护培肥技术模式

一、技术原理

（1）通过秸秆覆盖少耕免耕、深松扩容增容，达到固土保水的作用。

（2）通过秸秆粉碎还田、增施腐熟有机肥，提升土壤有机质含量。

（3）通过施用碳基缓释肥料、生物肥料、液体肥料，减少化肥施用量、改善土壤理化环境。

二、适用范围

（1）秸秆覆盖少耕免耕技术适用于春旱较为严重的坡耕地。

（2）秸秆粉碎还田技术适用于机械力量雄厚地区＜5°的坡耕地。

（3）垄向区田适用于＜5°的坡耕地。

三、操作要点

（一）玉米—大豆—马铃薯（其他作物）轮作

1. 秸秆覆盖及少耕免耕技术

（1）第1年种植玉米。玉米整秆覆盖或粉碎覆盖。玉米整秆覆盖：玉米收获后，不进行整地，秸秆全部留在田间，第2年春季用秸秆覆盖免耕播种机进行原垄播种，秸秆覆盖在土壤表面。粉碎覆盖：玉米收获后，不进行整地，秸秆全部留在田间，第2年春季先用灭茬机进行灭茬，然后用免耕播种机进行原垄播种。

（2）第2年种植大豆。测土配方施肥，化肥减量10%～20%，大豆根瘤菌剂拌种。大垄密植栽培（110cm），茎叶喷施腐植酸叶面肥或液体生物菌肥2次，收获后每亩施用腐熟好的有机肥1.25m³，然后深翻25～35cm，整平耙细达到播种状态。

（3）第3年种植马铃薯或其他作物。测土配方肥或有机无机肥加颗粒生物菌肥，化肥减量10%～20%，茎叶喷施液体生物菌肥2次，收获后进行深松耙茬，整平耙细达到播种状态。

2. 秸秆粉碎翻压还田技术

（1）第 1 年玉米收获后，进行灭茬，每亩施用腐熟好的有机肥 1.25m³，然后用翻转犁将打碎的秸秆翻压到 0～30cm，整平耙细达到播种状态。

（2）第 2 年大豆。技术要点见上文。

（3）第 3 年马铃薯或其他作物。技术要点见上文。

（二）大豆—玉米—马铃薯（其他作物）轮作

1. 第 1 年种植大豆

秸秆覆盖技术。大豆收获后每亩施用腐熟好的有机肥 1.25m³，然后深翻 25～35cm，整平耙细达到播种状态。下茬玉米收获后实施秸秆粉碎翻压还田技术。大豆收获后深松耙茬，整平耙细达到播种状态。

2. 第 2 年种植玉米

应用碳基含锌缓释肥料＋颗粒生物菌肥，化肥减量 10％～20％，大垄密植（110cm），茎叶喷施液体生物菌肥 1 次＋化控叶肥 1 次，玉米收获后采取秸秆覆盖少耕免耕技术或秸秆粉碎翻压还田技术。

3. 第 3 年马铃薯或其他作物

技术要点同上文。

（三）甜玉米—大豆—马铃薯（玉米或其他作物）轮作

1. 秸秆覆盖少耕免耕技术

（1）第 1 年种植甜玉米。整秆覆盖。非养殖区域甜玉米收获后，不进行整地，秸秆全部留在田间，第 2 年春季用秸秆覆盖免耕播种机进行原垄播种，秸秆覆盖在土壤表面。粉碎覆盖：甜玉米收获后，不进行整地，秸秆全部留在田间，第 2 年春季先用灭茬机进行灭茬，然后用免耕播种机进行原垄播种。甜玉米棒加工后，剩余的玉米苞叶和玉米芯可作为原料与畜禽粪便生产有机肥。

（2）第 2 年种植大豆。同玉米—大豆—马铃薯（其他作物）轮作模式操作相同，具体见上文。

（3）第 3 年种植马铃薯或其他作物。同玉米—大豆—马铃薯（其他作物）轮作模式操作相同，具体见上文。

2. 秸秆粉碎翻压还田技术

（1）第 1 年甜玉米。非养殖区域，甜玉米收获后，用灭茬机进行灭茬，每亩施用腐熟好的有机肥 1.25m³，然后用翻转犁将打碎的秸秆翻压到 30cm 以下，整平耙细达到播种状态。甜玉米棒加工后，剩余的玉米苞叶和玉米芯可作为原料与畜禽粪便生产有机肥。

（2）第2年大豆。与玉米—大豆—马铃薯（其他作物）轮作模式操作相同，具体见上文。

（3）第3年马铃薯或其他作物。与玉米—大豆—马铃薯（其他作物）轮作模式操作相同，具体见上文。

3. 秸秆过腹还田技术

（1）第1年甜玉米。养殖区域，甜玉米收获后，秸秆全部回收用作青贮饲料，畜禽粪便作为有机肥源返还农田。甜玉米棒加工后，剩余的玉米苞叶和玉米芯可作为原料与畜禽粪便生产有机肥。

（2）第2年大豆。同玉米—大豆—马铃薯（其他作物）轮作模式操作相同，具体见上文。

（3）第3年马铃薯或其他作物。同玉米—大豆—马铃薯（其他作物）轮作模式操作相同，具体见上文。

四、效益分析

（一）成本核算

成本核算见表5-12、表5-13。

表5-12 整地成本核算表

单位：元/亩

项目	秸秆覆盖还田	联合整地（灭茬、深松、碎土、起垄、镇压）	秸秆粉碎翻压还田
灭茬			20
深翻			40
耙地			15
合计		55	75

表5-13 秸秆造肥亩成本核算表

单位：元

项目	费用	备注
秸秆回收	50	秸秆打包、人工及运输费用
原料费	50	购买畜禽粪便及运输费用
堆沤费	130	机械翻倒、人工及发酵剂费用
施用费用	80	送肥到地及抛撒费用
合计	310	

（二）经济效益

经济效益见表 5-14。

表 5-14 效益核算表

单位：元

项目	亩投入				亩产	亩产值	亩收益	备注
	整地	肥料	其他	合计				
秸秆覆盖还田		52	146	198	155.2	589.8	391.8	大豆按 3.8 元/kg 计算，亩投入不含租地费
秸秆粉碎翻压还田	75	52	146	273	169.9	644.5	371.5	
联合整地	55	65	146	266	163	619.4	353.4	

（三）生态效益

秸秆覆盖少耕免耕技术既增加了土壤有机质含量、减少机械进地碾压次数，又防止了水土流失、防旱保墒；秸秆粉碎翻压还田技术的秸秆全部翻压田间，经过一段时间的腐解作用，加速了土壤熟化，提高了土壤有机质含量，改善了土壤理化性状和生物性状，提高了土壤中水、肥、气、热的综合作用。同时，通过机械深翻，可以将犁底层打破，使得耕层厚度增加，降低了土壤容重，增强了保水保肥能力，促进了作物根系的生长发育。

第六节 龙江县风沙干旱区平地固土保水提质技术模式

一、技术原理

秸秆碎混还田与深松整地技术配套实施，一是通过秸秆碎混还田提升土壤有机质含量，培肥地力，有效解决土壤"瘦"的问题；二是通过深松整地打破犁底层，破除土壤板结，有效解决土壤"硬"的问题；三是通过秸秆碎混还田与深松整地技术配套实施来提高土壤蓄水保水、遏制地表径流、防风固土、促进根系发育、改善土壤生态条件等功能，通过调节土壤水、肥、气、热协调利用，实现增产、增收，种地养地相结合。

二、适应区域

本技术模式适于龙江县西部河流冲积平原、沟谷平原，土壤贫瘠、耕层浅、土壤板结、风沙干旱的玉米种植区为主。

三、区域问题

该区域分布着龙江县草甸土类，其黑土层厚度 18～22cm，犁底层厚度 8～10cm，砂砾底土壤占本区域 50%～60%，保水、保肥能力较弱；土壤有机质含量中等偏低，一般在 25～30g/kg，肥力偏低；土壤板结，犁耕阻力大；受春季风沙大，降雨量少的影响，该区春季土壤干旱，抗旱能力较差。

四、操作要点

以 3 年为一个循环周期，第 1 年种植玉米，采用秸秆碎混还田配合深松整地技术；第 2、第 3 年均种植玉米，采用秸秆碎混还田技术。

（一）第 1 年种植玉米，采用秸秆碎混还田配合深松整地技术

1. 地块选择

集中连片的平地。

2. 秸秆粉碎

秋收时采用带抛撒器和底刀的收获机械，边收获边将秸秆粉碎均匀抛撒田面。如果第一次秸秆粉碎后倒伏秸秆或垄沟里的长秸秆多，晾晒几天后用带有前置式拨草轮的地面秸秆粉碎机将秸秆二次粉碎至 85% 以上达到 5～8cm 以下，均匀抛撒地表。

对于畜牧业发达区域，可配合施用有机肥，每亩施用 2m³ 左右，用有机肥抛撒车均匀抛撒到地表秸秆上。

3. 深松整地

土壤紧实度超过 14kg/cm² 时，用 200 马力以上的垂直立体深松机、薄壁弯刀式深松机或联合整地机等深松设备进行深松整地，深松整地以端抬土体疏松土壤、不扰动土层、不破坏耕层结构为标准。深松深度以打破犁底层为原则，一般为 30～35cm。

4. 秸秆碎混还田（秋季和春季秸秆碎混还田两种方式）

（1）秋季秸秆碎混还田。秋季深松后，采用 200 马力以上缺口重耙机械连续耙地两遍，进一步切碎秸秆后将秸秆混到 0～20cm 耕层中。为了保证作业质量，耙地方向要与耕向有一个 30° 的角度，耙地后要达到土壤细碎，地面平整，每平方米耕层内≥10cm 的土块不超过 5 个，10m 内高低差不超 10cm。地头、地边要整齐一致，不漏耙，不拖堆，相邻作业幅重耙量≤15cm。也可采用液压耙，偏置耙、涡轮耙、耘耕机等设备耙地混拌秸秆、碎土平地。为保证

防治侵蚀的目的，作业时要使地表的秸秆覆盖率保持在 30％以上。

采用带 GPS 导航的起垄机械进行起垄作业，当土壤表面干土 1～2cm 时，采用 V 型镇压器进行镇压。

（2）春季秸秆碎混还田。由于黑龙江省秋季整地作业时间短，不能及时进行秋季秸秆碎混还田的地块，秋季秸秆粉碎深松后，下年春播前采用三轴旋耕式联合整地机，一次作业完成秸秆碎混、起垄、镇压作业。秸秆碎混深度20cm 左右。

5. 播种与施肥

（1）品种选择。要选择增产潜力大、抗逆性强、适宜密植的品种，熟期比当地主推品种短 3～5d；积温比当地正常积温少 100℃；生育期根据地块所处积温带选择 115～125d 的品种。

（2）肥料选择与施用。根据多年测土配方施肥研究，不同的养分含量，不同的土壤类型应用不同的施肥配方。

氮肥（N）公顷用量为 120～180kg，土壤全氮和速效氮含量均高的土壤采用低施肥量，土壤全氮和速效氮含量均低的土壤取高施肥量；钾肥（K_2O）公顷用量为 34.5～64.5kg，土壤速效钾含量高于 200mg/kg 时，钾肥（K_2O）公顷用量 34.5kg，速效钾含量低于 100mg/kg 时，钾肥（K_2O）公顷用量64.5kg；磷肥的适合用量不同土壤类型差异较大，草甸土、暗棕壤、风沙土、磷肥（P_2O_5）公顷用量在 45～75kg，黑钙土磷肥（P_2O_5）公顷用量在 75～120kg；耕层较厚保水保肥性好的耕地可选用合适配比的优质缓释控失掺混肥料，播种时一次性分层深施肥，可以免追肥；保水保肥性差的沙土或沙砾底土壤遵循少吃多餐原则，磷钾肥和 40％的氮肥应用底肥施入，剩余 60％氮肥采用部分缓释控失氮肥在玉米拔节期追施。

建议玉米种子采用抗旱种衣剂＋磷酸二氢钾营养包衣，苗期、拔节期、鼓粒期提倡根外叶面施肥，喷施磷酸二氢钾及腐植酸叶面肥等提高产量和品质；根据测土配方施肥及作物营养诊断建议，注重微量元素的应用，按照土壤检测指标选择相应的微量元素肥料进行叶面喷施；有条件的地块可结合深松整地增施有机肥每公顷 30～45m^3。

（3）播种时期。当耕层 5cm 地温稳定在 5～7℃时可以播种，松嫩平原西部风沙干旱平原地区一般在 4 月 25 日—5 月 10 日。

（4）种植。秋季秸秆碎混还田地块优先选择春季采用免耕播种机一次作业完成清理种床、精量播种、侧深施肥、覆土、镇压环节，播种密度按品种特性、当地降雨条件及土壤供水能力设计，一般早熟品种每公顷 7.5 万株左右，中早熟每公顷 6.5 万株左右，中晚熟每公顷 6 万株左右。播种深度要求镇压后 3～5cm，土温低早播种的地块要保证播深 3cm 左右。春季秸秆碎混还田地块一般起垄时夹肥，底肥深施，然后坐滤水播种，播后再镇压。

（5）覆土和镇压。免耕播种机开沟器夹角一般为 12°，种子在 3～5cm 深度，开沟器后面的镇压轮把湿土挤压在种子上。如果垄台疏松，播种后可再用 V 型镇压器压一遍保墒。如果播种时土壤湿黏，镇压轮黏泥不能正常作业时，可把镇压轮换成覆土圆盘，调整好角度和作业速度，使苗带处培出垄尖，播后表土风干 1cm 时再镇压，实现"浅播种、培尖垄、巧镇压"。

6. 补水

秋季秸秆碎混还田采用免耕播种机播种的地块，播后如土壤墒情不好，农户可采用坐滤水用的大水桶直接对苗带补水保苗，保证出苗率达到 95％以上。秸秆覆盖 30％以上未被扰动的土壤只清理秸秆不动土的，墒情适宜不必补水。

7. 化学除草

根据近几年杂草发生种类和除草经验，因地制宜选择一次性苗后除草剂，一般选用烟嘧磺隆加硝磺草酮，在玉米 3～5 叶期，杂草 2～4 叶期兑水茎叶喷雾。当田间有红根狗尾草时，选用苯唑草酮在玉米 8 叶期前茎叶喷雾。

8. 中耕追肥

有深松基础，平作的地块，50cm 行距玉米田不建议中耕，防止失墒，如果需要追肥要采用切刀施肥装置。宽窄行或 65cm 行距的可以在出苗后采用带切刀和护苗器的中耕机作业，6 月中下旬中耕同时追肥，深松深度 10～20cm，深度调整要根据土质、板结程度、墒情灵活掌握，以不跑墒、不端垄、不埋苗为原则。如果地表秸秆覆盖均匀，土壤无结壳现象，不建议中耕，追肥以垄沟追肥为宜，靠回土埋肥。

9. 病虫害防治

遵循"预防为主，综合防治"的原则，优先采用生物、农艺、物理防治，使用化学防治时用药要科学。

（1）主要病害防治。玉米丝黑穗病：选择抗病品种，适期晚播，合理轮作，选用含三唑类的药剂拌种。

玉米茎基腐病：选用抗病品种，适期晚播，增施钾肥，选用含咯菌腈或吡唑醚菌酯的药剂拌种。

玉米大斑病：选用抗病品种，适期早播，适度密植，大喇叭口期至抽雄期采用氟硅唑、嘧菌酯、醚菌酯、吡唑嘧菌酯防治。

（2）主要虫害防治。黏虫：百株玉米有 30 头黏虫，幼虫 3 龄之前防治，建议选用高效氯氟氰菊酯、溴氰菊酯＋吡虫啉、高效氯氟氰菊酯＋阿维菌素等。

玉米螟：合理轮作，选用抗虫品种，释放赤眼蜂，玉米抽雄初期（雄穗抽出 5％～10％）喷施氯氟氰菊酯、氯虫苯甲酰胺、噻虫嗪、阿维菌素、白僵菌、短稳杆菌、苏云金杆菌，禁止使用毒死蜱等有机磷杀虫剂，减轻对生态环境的影响。

10. 收获

10 月中下旬机械收获。

（二）第 2 年种植玉米，采用秸秆碎混还田技术

1. 秸秆粉碎

秋收时采用带抛撒器和底刀的收获机械，边收获边将秸秆粉碎均匀抛撒田面。如果第一次秸秆粉碎后倒伏秸秆或垄沟里的长秸秆多，晾晒几天后用带有前置式拨草轮的地面秸秆粉碎机将秸秆二次粉碎至 85％以上达到 5～8cm 以下，均匀抛撒地表。

2. 其他技术要点与第 1 年相同

具体见上文。

（三）第 3 年种植玉米，采用秸秆碎混还田技术

1. 秸秆粉碎

秋收时采用带抛撒器和底刀的收获机械，边收获边将秸秆粉碎均匀抛撒田面。如果第一次秸秆粉碎后倒伏秸秆或垄沟里的长秸秆多，晾晒几天后用带有前置式拨草轮的地面秸秆粉碎机将秸秆二次粉碎至 85％以上达到 5～8cm 以下，均匀抛撒地表。

2. 其他技术要点与第 1 年相同

具体见上文。

五、效益分析

以 3 年为一个循环周期。

（一）投入成本

常规：农民常规整地需要"秸秆离田＋灭茬＋起垄镇压＋坐水播种"4 个

环节，不算农资投入成本，单 4 个环节的作业成本为 65 元/亩，3 年作业成本 195 元/亩。

此模式："秸秆碎混还田＋深松整地＋免耕播种" 3 个环节投入成本均为 65 元/亩。

（二）经济效益

第一个周期模式比常规增产玉米 40kg/亩，增加纯收益 80 元/亩。经 2 到 3 个循环周期建设，耕地质量得到恢复和提高，土壤保水保肥和供水供肥能力得到改善，亩均增产玉米 60kg 以上，1 个循环周期内累计新增纯收益 360 元/亩。

（三）社会效益

推进秸秆还田利用，保护黑土地，造福子孙，增加农民收入，提高农业的综合效益，促进农业的可持续发展。

（四）生态效益

秸秆碎混还田避免了农民在田间地头直接焚烧秸秆，保护环境，变废为宝，有利于生态农业发展。

第七节　绥化市北林区黑土地保护利用技术模式

一、旱田玉米连作区黑土地保护利用技术模式

（一）技术原理

（1）通过增施有机肥和秸秆还田，提高了秸秆和畜禽粪便等有机肥资源利用率，减少了秸秆焚烧，控制了环境污染，提高了土壤有机质含量。

（2）通过深翻、深松、综合整地和保护性耕作（免耕），达到加深耕作层，提高耕地保水保肥能力的目的。

（3）通过以上各项措施改良土壤结构、培肥地力，减少化学肥料施用量，科学施肥，增加农作物产量，提升农作物品质，实现农业可持续发展。

（二）适应范围

该模式适应北林区所有旱田玉米连作区，区内旱田主要土类包括黑土土类、黑钙土土类和草甸土土类。

（三）技术模式及操作要点

1. 技术模式

米—米—米连作模式（图 5-5）。

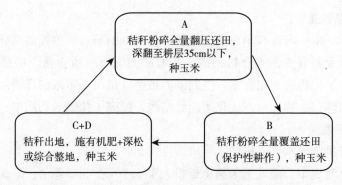

图 5-5 米—米—米连作模式图

注：此模式一个循环周期为 3 年，可以 A 为起始年，按 A-B-(C+D) 为一个循环，可以 B 为起始年，按 B-(C+B)-A 为一个循环，还可以 (C+B) 为起始年，按 (C+B)-A-B 为一个循环。

2. 操作要点

（1）（A）玉米秸秆粉碎翻压还田技术。对于耕作层薄、犁底层较厚的玉米连作区域，作物收获时边收获边粉碎秸秆，然后用 170 马力以上的拖拉机牵引秸秆粉碎还田机，对秸秆再次进行粉碎，粉碎长度小于 10cm，抛撒机每亩抛撒尿素 10kg 左右，调节秸秆碳氮比，再利用 220 马力以上的拖拉机牵引五铧翻转犁进行深翻，将粉碎的秸秆翻压至耕层 35cm 以下，活化心土层，改良原有的土体特性。

（2）（B）玉米秸秆粉碎覆盖全量还田技术。对上 1 年翻压秸秆的玉米连作区土壤熟化程度较高、土质松软、有深翻基础、犁底层不明显的耕地，用 170 马力以上的拖拉机牵引秸秆粉碎还田机粉碎秸秆，粉碎长度小于 10cm，用粉碎后的全部秸秆覆盖在田面，待次年春用卡种机原垄播种。

（3）（C）综合整地技术。对上 1 年保护性耕作的玉米连作区域，施用有机肥，利用 200 马力以上的拖拉机牵引浅翻深松联合整地机进行深松，深松至耕层 35cm 以下，打破犁底层，改良原有的土体特性或利用 180 马力以上的拖拉机牵引联合整地机进行综合整地，整地深度至耕层 20cm 以下。在此基础上种植玉米。

（4）（D）有机肥施用技术。结合综合整地技术（C），将有机肥施到耕层中，有机肥用量 1.25m³/亩以上。

（四）效益分析

通过该模式的实施，取得良好的生态效益、经济效益和社会效益。

1. 生态效益

实施米—米—米连作旱田黑土地保护模式，能够有效地控制秸秆焚烧，充分利用秸秆及畜禽粪便等有机肥源，在增加土壤有机质含量、培肥地力的同时，又减少了化肥的施用数量，控制了养殖企业排污等带来的环境污染，保护了土壤、水体、生物环境，优化了施肥结构，提高了化肥的利用率。

2. 经济效益

（1）有机肥成本。有机肥1年每亩投入250元。

（2）化肥成本。模式玉米第1年投入156.00元/亩，第2、第3年化肥亩投入分别为140.40元，3年玉米化肥投入436.80元/亩；常规3年玉米化肥亩投入合计468.00元。

（3）土壤耕作成本。常规：3年综合整地合计100.00元/亩。

此模式：1年深翻＋1年深松或综合整地和有机肥＋1年保护性耕作＝90＋33.33＋250＝373.33元/亩，其中1年秸秆粉碎翻压还田90.00元/亩，1年综合整地33.33元/亩。

（4）调节碳氮比成本。每年每亩按20.00元投入调节碳氮比。

（5）产出情况。玉米3年平均价格1.24元/kg。

常规：玉米3年平均产量为660kg/亩，3年玉米产值2 455.20元/亩。

此模式：3年玉米平均产量为730kg/亩，3年玉米产值为2 715.60元/亩。

（6）经济效益分析。

常规：3年玉米产值－化肥3年投入－综合整地3年投入＝2 455.20－468.00－100.00＝1 887.20元/亩。

此模式：3年玉米产值－化肥3年投入－有机肥1年投入－模式2年整地投入－调节碳氮比投入＝2 715.60－436.80－250.00－373.33－20.00＝1 635.47元/亩。

黑土地保护利用米—米—米连作模式（第一个轮作周期）与常规比较，3年减收251.73元/亩。为此，模式启动初期需政府给予扶持，若给予农民有机肥补贴250元/亩、秸秆翻压还田补贴90元/亩，保护性耕作减产补贴200元/亩，则一个轮作周期，农民将增收288.27元/亩。

3. 社会效益

该模式充分利用了玉米秸秆翻压、覆盖还田，并在第3年施用有机肥的基础上将清除出地的玉米秸秆与当地畜禽粪便一起积造有机肥，在下一个周期再次归还土壤，既减少了环境污染，又提高了当地玉米秸秆和牲畜粪便这种有机肥资源的利用率，确保国家粮食安全，促进农村社会经济的稳定和农业可持续发展。该模式对黑土区都有一定的参考价值和推广价值，推广前景良好。

二、旱田米—豆—米轮作区黑土地保护利用技术模式

（一）技术原理

（1）通过增施有机肥和秸秆还田，提高了秸秆和畜禽粪便等有机肥资源利用率，减少了秸秆焚烧，控制了环境污染，提高了土壤有机质含量。

（2）通过深翻、深松、综合整地和保护性耕作（免耕），达到加深耕作层，提高耕地的保水保肥能力。

（3）通过米豆轮作，调整优化种植结构，避免耕地单一养分的消耗，平衡耕地土壤养分。

（4）通过以上各项措施达到改良土壤结构、培肥地力，减少化学肥料施用量，科学施肥，增加农作物产量，提升农作物品质，实现农业可持续发展。

（二）适应范围

该模式适应北林区所有旱田米豆轮作区，黑土、黑钙土、草甸土三大主要土类耕地。

（三）技术模式及操作要点

1. 技术模式（图 5-6）

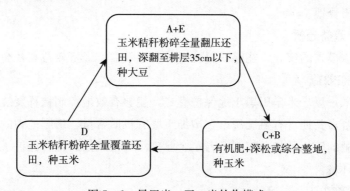

图 5-6　旱田米—豆—米轮作模式

注：此模式一个循环周期为 3 年，可以根据当年种植的作物确定以（E+A）、（B+C）、D 三个中的一个为起始年，如果上一年种植的是玉米，秋季则以（E+A）为起始年，按（E+A）-（B+C）-D 为一个循环，以此类推即可。

2. 操作要点

（1）（A）玉米秸秆粉碎翻压全量还田技术。对于耕作层薄的区域，作物

收获时边收获边粉碎秸秆，然后用 170 马力以上的拖拉机牵引秸秆粉碎还田机，对秸秆再次进行粉碎，粉碎长度小于 10cm，然后采用抛撒机每亩抛撒尿素 10kg 左右，调节秸秆碳氮比，再利用 220 马力以上的拖拉机牵引五铧翻转犁在当年秋季进行深翻，将粉碎的秸秆翻压至耕层 35cm 以下，活化心土层，改良原有的土体特性，在此基础上种植大豆。

（2）（B）深松或综合整地技术。对上 1 年翻压的种植大豆的轮作区域，施用有机肥，利用 200 马力以上的拖拉机牵引浅翻深松联合整地机进行深松，深松至耕层 35cm 以下，打破犁底层，改良原有的土体特性或利用 180 马力以上的拖拉机牵引联合整地机进行综合整地，整地深度至耕层 20cm 以下，在此基础上种植玉米。

（3）（C）有机肥施用技术。结合以上深松或综合整地，将有机肥施到耕层中，有机肥用量每亩 1.25m³ 以上。

（4）（D）玉米秸秆粉碎覆盖全量还田技术（保护性耕作技术）。在前两年的基础上对土壤熟化程度较高、土质松软、有深松深翻基础、犁底层不明显的耕地，用 170 马力以上的拖拉机牵引秸秆粉碎还田机粉碎秸秆，粉碎长度小于 10cm，用粉碎后的全部秸秆覆盖在田面，待次年春用卡种机原垄播种玉米。

（5）（E）科学轮作技术。推行米-豆-米轮作，实施玉米改种大豆，利用大豆茬肥田养地。

（四）效益分析

通过该模式的实施，能够取得良好的生态效益、经济效益和社会效益。

1. 生态效益

实施米—豆—米旱田黑土地保护模式，能够有效地控制秸秆焚烧，充分利用秸秆及畜禽粪便等有机肥源，在增加土壤有机质含量、培肥地力的同时，又减少了化肥的施用数量，控制了养殖企业排污等带来的污染，保护了土壤、水体、生物环境。

2. 经济效益

（1）有机肥成本。有机肥 1 年每亩投入 250 元。

（2）化肥成本。种玉米化肥投入 156.00 元/亩，种大豆化肥投入 65.00 元/亩。

常规：连作 3 年玉米化肥投入 468.00 元/亩。

此模式：种植 2 年玉米、1 年大豆化肥（按平均每年减少 10％计算）投入 339.30 元/亩。

（3）土壤耕作成本。1 年秸秆粉碎翻压还田 90.00 元/亩，1 年深松或综合整地 33.33 元/亩。

常规：3 年综合整地合计 100.00 元/亩。

此模式：1 年深翻＋1 年深松或综合整地＋1 年保护性耕作＝90.00＋33.33＝123.33 元/亩。

（4）调节碳氮比成本。每年每亩按 20.00 元投入调节碳氮比。

（5）产出情况。玉米 3 年平均价格 1.24 元/kg，大豆价格 3.60 元/kg。玉米 3 年平均产量为 660kg/亩，大豆产量 150kg/亩。

常规：3 年玉米产值 2 455.20 元/亩。

此模式：第 1 年玉米 660kg/亩、第 2 年玉米 730kg/亩、1 年大豆 150kg/亩，产值合计为 2 263.60 元/亩。

（6）经济效益分析。

常规：3 年玉米产值－化肥 3 年投入－综合整地 3 年投入＝2 455.20－468.00－100.00＝1 887.20 元/亩；

此模式：（2 年玉米产值＋大豆 1 年产值）－有机肥 1 年投入－化肥 3 年投入－模式 3 年整地投入－调节碳氮比投入＝2 263.60－250.00－339.30－123.33－20.00＝1 530.97 元/亩。

黑土地保护利用试点模式（第一个轮作周期）与常规比较，3 年减收 356.23 元/亩。为此，模式启动初期需政府给予扶持。若给予农民有机肥补贴 250 元/亩、秸秆翻压还田补贴 90 元/亩、大豆轮作补贴 200 元/亩，则一个轮作周期，农民将增收 183.03 元/亩。

3. 社会效益

该模式充分利用了玉米秸秆翻压、覆盖还田，并在第 2 年施用有机肥，既减少了环境污染，又提高了当地玉米秸秆和牲畜粪便这种有机肥资源的利用率，同时由于轮作大豆，利用大豆茬肥田养地，恢复和提高地力，确保国家粮食安全，促进农村社会经济的稳定和农业可持续发展。该模式对黑土区都有一定的参考价值和推广价值，推广前景良好。

三、水田黑土地保护利用技术模式

（一）技术原理

（1）通过增施有机肥和秸秆还田，提高了秸秆和畜禽粪便等有机肥资源利用率，减少秸秆焚烧，控制环境污染，提高土壤有机质含量。

（2）通过深翻、旋地、耙地和打浆，达到加深耕作层，提高耕地的保水保肥能力。

（3）通过以上两项措施达到改良土壤结构、培肥地力，减少化学肥料施用量，科学施肥，增加农作物产量，提升农作物品质，实现农业可持续发展。

（二）适应范围

该模式适应绥化北林区所有水田，区内水田主要土类包括黑土土类、草甸土土类和水稻土土类。

（三）模式内容及操作要点

1. 模式内容（图 5-7）

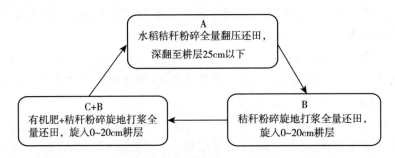

图 5-7 水田黑土地保护利用模式

注：此模式一个循环周期为 3 年，可以 A 为起始年，按 A-B-(C+B) 为一个循环；也可以 B 为起始年，按 B-(C+B)-A 为一个循环；还可以（C+B）为起始年，按（C+B）-A-B 为一个循环。

以 3 年为一个建设周期，主要内容依次为水稻秸秆粉碎全量翻压还田 1 年；有机肥＋水稻秸秆粉碎旋地打浆全量还田 1 年；秸秆粉碎旋地打浆全量还田 1 年。

2. 操作要点

（1）（A）水稻秸秆粉碎全量翻压还田技术。对于耕作层薄的区域，在作物收获时边收获边粉碎秸秆，然后用 50 马力以上的拖拉机牵引秸秆粉碎还田机，对水稻秸秆再次进行粉碎，粉碎长度小于 10cm，然后在粉碎的秸秆上采用抛撒机每亩均匀抛撒 5kg 左右的尿素，调节碳氮比，再利用 170 马力以上的拖拉机牵引五铧翻转犁进行深翻整地，结合深翻整地将秸秆翻压还田，翻压至耕层 25cm 以下。

（2）（B）水稻秸秆粉碎旋地打浆全量还田技术。在作物收获时边收获边粉碎秸秆，然后用 50 马力以上的拖拉机牵引秸秆粉碎还田机，对水稻秸秆再次进行粉碎，粉碎长度小于 10cm，然后在粉碎的秸秆上采用抛撒机每亩均匀抛撒 5kg 左右的尿素，调节碳氮比，再用 50 马力以上拖拉机牵动旋地机进行旋地，通过旋地犁将秸秆旋入 0～20cm 耕层，次年春打浆。

（3）（C）有机肥施用技术。结合整地施用有机肥，调节土壤结构，培肥地力，每亩施用至少 1.25m³ 以上有机肥。

（四）效益分析

1. 生态效益

实施水田黑土地保护模式，能够有效地控制秸秆焚烧，充分利用秸秆及畜禽粪便等有机肥源，在增加土壤有机质含量、培肥地力的同时，又减少了化肥的施用数量，控制了养殖企业排污等带来的污染，保护了土壤、水体、生物环境，优化了施肥结构，提高了化肥的利用率。

2. 经济效益

（1）有机肥施用成本。有机肥 1 年亩投入 250 元。

（2）化肥投入成本。水稻 1 年化肥投入平均 82.67 元/亩。

常规：连续 3 年水稻化肥投入平均 248.01 元/亩。

此模式：种植 3 年水稻化肥（按平均每年减少 10％计算）投入平均 223.20 元/亩。

（3）整地作业成本。

常规：3 年旋地打浆一次，整地合计 50.00 元/亩。

此模式：3 年整地（1 年秸秆粉碎翻压还田 70.00 元/亩，两年旋地打浆 100 元）合计 170.00 元/亩。

（4）调节碳氮比成本。每年每亩按 10.00 元投入调节碳氮比。

（5）产出情况。水稻 3 年平均价格 3.00 元/kg，水稻常规种植 3 年平均产量为 480kg/亩，模式种植 3 年平均产量为 530kg/亩。

常规：3 年水稻产值 1 440.00 元/亩。

此模式：3 年水稻产值 1 590.00 元/亩。

（6）经济效益。

常规：3 年水稻产值－化肥 3 年投入－整地 3 年投入＝1 440.00－248.01－50.00＝1 141.99 元/亩。

此模式：3 年水稻产值－有机肥投入－化肥 3 年投入－模式 3 年整地投入－3 年调节碳氮比投入＝1 590.00－250.00－223.20－170.00－3×10.00＝916.80 元/亩。

在 3 年一个建设周期内，黑土地保护利用试点模式比常规减收 225.19 元/

亩。若项目启动初期，政府给予有机肥补贴 250 元/亩、翻压还田补贴 70 元/亩和旋地打浆补贴 100 元/亩（每年 50 元/亩），则农民 3 年增收 194.81 元/亩。持续两到三个周期建设，将建成高产稳产、可持续的沃土良田，藏粮于地，经济效益和生态效益也将更加凸显。

3. 社会效益

在该模式实施过程中利用形式多样的宣传和技术培训让项目区农民掌握水稻秸秆粉碎全量翻压还田技术、水稻秸秆粉碎旋地打浆全量还田技术、有机肥施用技术、化肥减量施用技术、新型肥料施用技术、大型农机具组装配套使用技术、水稻机插秧侧深施肥技术等，并通过该模式的创新试验示范，充分展示黑土地保护技术综合组装配套效果，起到了示范带头作用，调动广大农民保护黑土地的积极性，并参与实施黑土地保护与利用中来，便于该模式的推广与应用，使黑土地能够得到永续的利用，确保国家粮食安全，促进农村社会经济的稳定和农业可持续发展。该模式对黑土区都有一定的参考价值和推广价值，推广前景良好。

第八节 嫩江县高纬度缓坡耕地豆麦豆（米豆麦）轮作黑土保护培肥技术模式

一、技术原理

（1）通过合理轮作，均衡利用土壤养分，改善土壤理化性状，减少病虫草害发生，实现用地、养地结合，提升地力。

（2）利用玉米秸秆粉碎覆盖还田、垄向区田，减少水土流失，实现耕地蓄水保肥。

（3）增施有机肥和秸秆粉碎还田，提高秸秆和畜禽粪便等有机肥资源利用率，增加土壤有机质、改良土壤结构，培肥地力，增加作物产量，减少秸秆焚烧和环境污染。

（4）机械深松与翻、耙、少、免耕相结合，加深耕作层，提高耕地保水保肥能力。

二、适用范围

高纬度黑土区缓坡地旱田土壤。

三、操作要点

（一）轮作

1. 轮作模式1

第1年种植大豆，收获后秸秆粉碎还田，秋季亩施腐熟有机肥1.25m³以上，浅翻深松，整平耙细；第2年种植小麦，收获后秸秆粉碎还田，亩施腐熟有机肥1.5m³以上，深翻达到30cm以上，耙地起垄；第3年种植大豆，收获后秸秆粉碎还田，秋季亩施腐熟有机肥1.25m³以上，浅翻深松，整平耙细。

2. 轮作模式2

第1年种植玉米，收获后秸秆粉碎翻压还田或秸秆粉碎覆盖还田；第2年种植大豆，收获后秸秆粉碎还田，秋季亩施有机肥1.5m³，浅翻深松，整平耙细；第3年种植小麦，收获后秸秆粉碎还田，亩施腐熟有机肥1.25m³以上，收获后深翻30cm以上。

（二）黑土培肥

1. 秸秆粉碎翻压还田

秋季玉米成熟后利用联合收割机边收获边粉碎秸秆；利用灭茬机将玉米根茬和散落在田面的秸秆进行深度破碎至小于10cm；用抛撒机在粉碎的秸秆上每亩均匀抛撒6kg左右尿素，调节碳氮比；用210马力以上的拖拉机牵引五铧翻转犁（悬挂式条幅翻转犁等）进行深翻，将粉碎的秸秆翻压至0～30cm耕层。在秋季土壤温度和水分适宜条件下，深耕翻压后耙平起垄，待来年春天播种；在土壤水分比较多的年份，深耕翻压后可等来年春季用圆盘耙顶凌耙平待播。

2. 有机肥施用技术

春季3—4月，选择距田块较近闲置的场地堆沤新鲜牛粪，倒堆1～2次，形成标准肥堆，堆高不超过2m，腐熟一个夏季（2～3个月）后，将有机肥均匀抛撒于地表，结合秋整地，翻入耕层，调节土壤结构，培肥地力。每亩地至少施用1.25m³。

（三）科学种植

玉米—大豆—小麦轮作或大豆—小麦—大豆轮作。玉米采用110cm垄上双行密植，大豆采用110cm垄上3行播法，小麦采用15cm平播。

（四）垄向区田技术

玉米或大豆最后一次中耕时，安装垄向区田装置，垄沟形成挡距90～

110cm 的小土挡，截留雨水，抗旱保墒，防止水土流失。

四、效益分析

（一）投入成本

玉米秸秆粉碎翻压还田亩新增成本 90 元左右，有机肥积造施用成本一般在 280 元/亩左右。轮作模式 1 采取施用有机肥方式，平均每年每亩增加成本 280 元左右；轮作模式 2 采取秸秆粉碎还田与有机肥施用相结合的方式，平均每年每亩增加成本 131 元左右。

（二）经济效益

项目区投入成本高，增产幅度 2%～8%。

（三）生态效益

实施秸秆粉碎翻压还田，遏制了随意焚烧废弃秸秆等有机物、资源不合理利用的现象，减少环境污染，改善生态环境。

施用无害化有机肥，第 1 年 1.25m³，第 2 年 1.5m³，第 3 年 1.25m³ 以上。化肥使用量做到了零增长，随着施用有机肥年限的增加，化肥的施用量将逐渐减少，农产品的品质得到提高。同时，有利于提升土壤有机质含量，疏松耕层土壤，形成稳定的团粒结构，具有明显的生态效益。

第九节　宁安市黑土地保护利用技术模式

一、旱作瘠薄农田土壤提质增收技术模式

（一）技术背景

宁安市地处黑龙江省南部低山丘陵区，耕地面积 166.5 万亩，其中旱田占耕地面积的 75%。宁安市耕层土壤有机质平均含量仅为 2.3%，是黑龙江省农田土壤最贫瘠区之一。培育并提升土壤质量，是保证宁安市农业可持续发展的迫切需求，也是黑土地保护的主攻内容。此外宁安市瓜、菜及特种经济作物种植面积大，是农民增收的重要途径，经济作物种植更需高质量的土壤。

（二）技术原理

增加有机物料归还量是提升土壤质量最有效最可行的措施。充分利用秸秆资源沤制有机肥，实施秸秆全量还田和增施有机肥，实现土壤有机碳富集，提升耕地土壤质量；并与耕作、轮作有机结合，建立 3 年为一轮作周期的旱作瘠

薄农田土壤提质增收模式。

（三）操作要点

在米—豆—经三三轮作基础上，实施秸秆全量深翻埋还田、增施有机肥等技术组成。

第 1 年：在前茬种植经济作物旋耕整地增施有机肥的基础上，种植玉米，秋季大机械收获，秸秆覆盖于地表；灭茬粉碎秸秆，秸秆长度＜10cm，玉米秆被打碎并揉搓；机械喷撒尿素 7～10kg/亩；亩施有机肥 1.25m^3；大机械翻耕扣埋秸秆，耕深 30cm，耙地后秋起垄。

第 2 年：种植大豆，秋收亩施有机肥 1.25m^3 后，按经济作物种植要求整地。

第 3 年：种植经济作物，收获后秸秆粉碎，亩施有机肥 1.25m^3 后，旋松起垄。

（四）效益分析

本模式是在实现秸秆全量还田、增施有机肥提升土壤质量的同时，开展米豆轮作、粮经轮作，大机械深耕作业，保护性耕作与传统耕作结合，实现增产提效。

1. 土壤质量提升

按项目实施前耕层（0～20cm）土壤有机质含量 2.3％计算，每亩耕层土壤有机碳量为 2.31t。每年每亩增施有机肥 1.25m^3，3 年增加投入有机碳量为 0.65t；按每亩秸秆还田量 1t 计算，3 年增加投入有机碳量为 0.40t。3 年项目实施期间，输入土壤有机碳 1.05t，占原耕层土壤有机碳含量的 45.5％，为土壤有机质提升提供了强有力的保证。

2. 作物增产

与原小型拖拉机耕作、单一施用化肥比较，3 年技术模式实施期，玉米增产 7％～10％，大豆增产约 10％，经济作物增产 5％～10％。

3. 经济效益分析

与传统模式相比，此模式中随着技术措施增加，生产成本也随之增加。增加生产投入的主要有：玉米秸秆耙茬粉碎作业 20 元/亩；喷撒尿素作业 15 元/亩，沤制并施用有机肥 150 元/亩；经济作物秸秆粉碎 20 元/亩。3 年模式实施期间共增加投入 505 元/亩。玉米单产 650kg/亩，价格按 1.2 元/kg 计，增收 128 元/亩；大豆单产 150kg/亩，价格按 3.6 元/kg 计，增收 104 元/亩；经济作物收益按 10 000 元/亩，增收 550 元/亩。3 年合计增收 782 元/亩。

（五）推广应用前景

此技术模式经济效益较好，且不受土地面积制约，推广前景良好。

二、坡耕地保土保水保护性生产技术模式

（一）技术背景

宁安市地处长白山余脉，75％的旱田中约有 1/3 坡度＞1.5°，且多顺坡或斜坡垄作，坡耕地土壤侵蚀模数在 3 000t/(km² · a)，现有大于 100m 的侵蚀沟 1 818 条，绝大部分位于耕地中，损毁耕地的同时，造成耕地支离破碎，水土流失导致表土被剥离，肥沃的黑土层变薄，耕地因沟蚀损毁，已成为耕地质量下降的主因；同时由于基础肥力下降和地表径流加剧水分胁迫，成为农田沦为中低产田的主导因素。

（二）技术原理

减少或遏制水土流失，既是耕地保育又是地力提升的重要前提。实施水土保持耕作的前提下，与农田土壤提质措施有机结合，恢复土壤质量，提高水肥利用效率，建立高效可持续的坡耕地保护性生产技术模式。水土保持需因地制宜，故本模式在秸秆还田和施用有机肥的基础上，由若干水保措施组成。

（三）操作要点

1. 环坡打垄

适用于沿山体开垦的农田，秋整地时在秸秆深翻埋耙地作业完成后，沿等高线环坡起垄，等高种植，只需一次性作业。

2. 秸秆覆盖条耕

秸秆覆盖免耕是北美黑土区为防止水土流失恢复耕地质量的保护性耕作措施，已在世界广泛应用。由于黑龙江省气候冷凉，秸秆覆盖提高土壤含水量的同时，也降低了土壤温度。据 10 余年的长期定位田间试验，秸秆覆盖免耕春季耕层土壤温度较传统垄作低 2～3℃，免耕播种明显降低出苗率和后期作物长势，玉米减产 15％～20％，虽具有极显著的水土保持作用，但农民积极性不高。针对秸秆覆盖免耕土壤温度低作物减产问题，基于中国科学院东北地理与农业生态研究所 6 年试验结果及其研制的条耕犁，构建了秸秆覆盖条耕坡耕地水土保持生产技术体系。技术原理及操作：玉米机械收割后，采用灭茬机实施垄台灭茬及秸秆粉碎，再用条耕犁沿垄台中部条耕，形成宽和深各约 20cm 的疏松土体即来年种床，第 2 年春季种床土壤温度与传统耕作几无差异，采用

常规播种机直接播种和施肥，不再进行其他耕作作业，破解了秸秆覆盖作物减产的瓶颈问题，实现可操作的秸秆覆盖还田生产模式，适用于玉米大量种植区域。

3. 垄向区田水土保持耕作

该技术是东北农业大学 20 世纪末研制的水土保持耕作技术，其原理是在垄沟间隔修筑土埂，形成若干个小蓄水池，增加降水入渗量，减少地表径流量，保土保水并增收。其操作过程：最后一次中耕扶垄作业后，立即利用区田犁垄沟筑埂作业。坡度<3°，筑埂间隔 1.2m；3°～5°，筑埂间隔 1m；>5°，筑埂间隔 0.8m。技术有效实施时间 7～10d，每年均需作业。

4. 侵蚀沟复垦

利用秸秆填埋侵蚀沟，上层覆土，是修复沟毁耕地的有效措施，深受农民欢迎。技术操作过程：利用挖掘机修正侵蚀沟道成长方形，将挖出的土置于沟道两侧；在沟底正中安放暗管，直至排水口；玉米收获粉碎的秸秆，机械压实打成方捆，填埋于侵蚀沟中，再将堆放两侧的土覆于秸秆上部，厚度为 50cm，然后整地起垄，实现侵蚀沟填埋后复垦。适用于耕地中深度小于 2m 的侵蚀沟。

环坡打垄和侵蚀沟复垦在第 1 年秋季一次作业完成，长久受益。依据 3 年一个轮作周期，可具体分为 2 个子模式。

(1) 子模式 1：秸秆覆盖条耕平作。玉米秸秆粉碎＋条耕（第 1 年），免耕播种（大豆）＋秋季秸秆覆盖条耕（第 2 年）；免耕播种（杂粮或玉米）＋秋季秸秆覆盖条耕（第 3 年）。

(2) 子模式 2：玉米秸秆粉碎深翻埋＋夏季垄向区田（第 1 年），传统旋耕＋施有机肥＋大豆夏季垄向区田＋施有机肥（第 2 年），传统旋耕＋施有机肥＋经杂夏季垄向区田（第 3 年）。

(四) 效益分析

环坡打垄和侵蚀沟填埋复垦只需一次性作业完成。环坡打垄包括深翻耕和耙茬，70 元/亩，环坡起垄，20 元/亩。侵蚀沟复垦，约 10 000 元/亩。

1. 子模式 1

3 年轮作周期，降低土壤流失可达 95%，按土壤流失量 3 000t/(km² · a)计，3 年减少土壤碳流失量为 0.14t/亩，可有效遏制因侵蚀导致的土壤退化。按增加投入秸秆 1.25t 计，3 年增加投入有机碳量为 0.50t。按耕层（0～

20cm）土壤有机质含量2.3％计，每亩耕层土壤有机碳量为2.31t；3年项目实施期间向土壤增加有机碳占原耕层土壤有机碳含量的21.6％。降低地表径流90％以上，减少地表蒸发，以年降雨500mm计，年保水50mm以上，即每年增加可供作物利用的有效水50mm，显著缓解坡耕地水分胁迫，故该模式保土遏制退化的同时，还具有提质增效的作用，为土壤有机质提升提供了强有力的保证。实现水土保持耕作下作物不减产，由于秸秆覆盖条耕，只有条耕一次作业，20元/亩，无其他秋整地和中耕作业，可节约土壤耕作成本50元/亩，3年合计增收150元/亩。

2. 子模式2

3年轮作周期，降低土壤流失可达60％，按土壤流失量3 000t/(km² · a)计，3年减少土壤碳流失量为0.08t/亩。降低地表径流50％以上，减少地表蒸发，以年降雨500mm计，年保水30mm以上，即每年增加可供作物利用的有效水30mm，提高作物水分利用效率，增产5％～10％。1年玉米秸秆全量还田，3年施用有机肥，秸秆投入量按亩0.75t计，增加投入有机碳为0.30t；每年每亩增施1.25m³有机肥，3年增加投入有机碳量为0.65t，故3年合计向农田多输入有机碳0.95t/亩，按耕层（0～20cm）土壤有机质含量2.3％计，每亩耕层土壤有机碳量为2.31t；3年项目实施期向土壤增加有机碳占原耕层土壤有机碳含量的41.1％。与常规农民作业比较，垄向区田20元/亩，玉米秸秆还田90元/亩，沤制并施用有机肥150元/亩，3年实施期增加投入600元/亩。玉米单产按65kg/亩，价格1.2元/kg计，增收78元/亩；大豆按150kg/亩，价格按3.6元/kg计，增收54元/亩；经济作物按10 000元/亩收益，增收500元/亩。3年合计增收632元/亩，新增纯效益32元/亩。

（五）推广应用前景

环坡打垄和侵蚀沟填埋复垦只需一次性作业完成，永久耕种，长远来看效益巨大，受到农民百姓的欢迎，具有良好的推广前景。

秸秆覆盖条耕及垄向区田水土保持耕作模式，因经济效益不高，农民积极性不强，推广前景一般。

三、水田保育有机高值生产技术模式

（一）技术背景

宁安市距离海洋较近，降水条件较好，加之地处黑龙江省南部低山丘陵区，形成独特的温暖湿热气候，牡丹江贯穿县域，河漫滩适宜水稻种植，米质好，盛产以"响水"大米为主要品牌的优质稻米，享誉省内外。打造我国高品质有机无污染优质稻米已列入宁安市政府和企业的发展方向，培育高质量的土壤是其可持续发展的重要保证。

（二）技术原理

秸秆全量还田，增加有机物料，提升土壤质量；有机肥替代化肥，打造有机优质稻米，高质高价，增加收益。

（三）操作要点

水稻收获后，初冻期进行秸秆粉碎，施用有机肥 3t/亩，用 50 马力拖拉机翻扣还田，来年耙地播种。

（四）效益分析

在 3 年项目实施期，连续 3 年秸秆全量还田和施用有机肥，秸秆年投入量按亩 0.5t 计，亩有机碳投入量为 0.63t；每年每亩增施有机肥 3t，3 年增加有机碳投入量为 1.95t，故 3 年合计向农田多输入有机碳 1.28t/亩，按耕层（0～20cm）土壤有机质含量 3.2% 计，每亩耕层土壤有机碳量为 3.21t；3 年项目实施期向土壤增加有机碳占原耕层土壤有机碳含量的 39.9%。加之水田土壤多处于淹水和冰冻状态，更有利于土壤碳的存储，提高土壤有机质作用明显。由于独特的气候、无污染地表水灌溉和密闭的土壤下载面，宁安市大米享誉全国，在提升土壤质量的同时，实施的有机肥替代化肥，在保证水稻基本不减产的情况下，大米价格进一步提升，亩增收可达 10 000 元，将此模式复制于其他区域，亩增收可达 1 000 元以上。因此，实施黑土地保护提升土壤质量，构建有机优质米生产模式，在黑龙江省是可复制易操作的。

（五）推广应用前景

此模式兼具生态种植及绿色环保理念，并能够得到市场的认可，效益显著，推广应用前景巨大。

第十节　巴彦县玉米连作肥沃耕层构建技术模式

一、技术原理

玉米连作肥沃耕层构建技术模式主要以有机物料玉米秸秆、堆沤有机肥还田为核心，通过秸秆翻埋还田、碎混还田、有机肥还田将有机物料混入 0～

35cm 的耕层中，打破犁底层、加深耕层。还入田间的秸秆和有机肥，可转化成有机质和速效养分，改善土壤理化性状，疏松深层土壤，增加土壤通透性和耕层厚度，提高土壤有机质含量，培肥地力，创建肥沃耕层，建立"土壤水库"，提高土壤抗旱、防涝、蓄水保墒能力。同时结合测土配方平衡施肥、机械侧深施肥等技术配套，改善土壤理化性状和水肥气热调节能力，增强土壤肥力和保墒能力，提高肥料利用率、抑制病虫草害的发生，减少化肥、农药用量，提高农产品品质。

二、适用范围

适于巴彦县黑土层厚度≥30cm 的平原玉米连作区域。

三、操作要点

此技术模式 3 年为一个周期，3 年连续种植玉米。第 1 年秸秆翻埋还田；第 2 年秸秆翻埋还田，对于畜禽粪便资源丰富地区，可因地制宜增施有机肥；第 3 年秸秆翻埋或碎混还田。经过一个周期的黑土地保护，在 0～35cm 土层中秸秆均匀分布，土壤养分得到补充，结构良好，建立土壤肥沃耕层。

（一）第 1 年，秸秆翻埋还田

1. 秸秆粉碎还田

秋季玉米机械收获后，用秸秆粉碎机将秸秆粉碎（＜10cm）或重耙粉碎，用≥200 马力拖拉机配套液压翻转犁进行深翻作业，翻耕深度 30～35cm，将秸秆全部翻埋于 20～30cm 土体中。

2. 整地作业

深翻作业完成 3～5d 后，用圆盘耙进行重耙作业，对于秋季时间紧或土壤墒情过高无法进行秋季耙地作业的地块，可采用在深翻作业时加合墒器作业。秋季未进行重耙作业的地块，春耕前用圆盘耙进行重耙作业或使用旋耕机旋耕一次，然后进行重镇压，秋季进行过重耙作业的地块直接进行重镇压，打碎垡块，然后起垄达到待播状态。

3. 配套技术

（1）玉米栽培技术。

a. 选用良种。选用熟期适于当地积温（2 500～2 700℃），生育期在 125～130d、增产潜力大、根系发达、抗逆性强的优良品种。

b. 播种时期。当耕层 5～10cm 地温稳定通过 8℃时即可播种，最佳播种期一般在 4 月 25 日—5 月 5 日。

c. 种植密度。根据玉米品种特性和地力条件确定，肥力较高地块种植宜密，低肥地块种植宜稀，公顷保苗在 5 万～7 万株。

（2）化学除草。选用广谱、低毒、残效期短、效果好的除草剂。一般用阿乙合剂，即每公顷用 40％的阿特拉津胶悬剂 3～3.5kg 加乙草胺 2kg，兑水 500kg 喷施，进行全封闭除草。

（3）合理施肥。春季播种时每亩施用基肥纯氮 2.76～3kg，P_2O_5 4.14～4.5kg，K_2O 3.45～3.75kg。在玉米拔节期施用纯氮 9.2～11.5kg。为了避免翻入土壤中的秸秆与作物争氮，每亩可增施 2.3kg 左右的纯氮，调节碳氮比。

（4）主要病虫害防治。

a. 地下害虫防治。有机磷类药剂防治效果较好。可用 48％毒死蜱乳油 10mL 加水 1kg 拌种 10kg，闷种 3～5h；用 50％辛硫磷乳油：水：种＝1：（60～100）：（600～1 000）处理玉米种子，闷种 12～24h。

b. 玉米螟防治。在玉米螟产卵始期，释放赤眼蜂 2～3 次，每亩释放 1 万～2 万头；在玉米大喇叭口期，每亩用有机磷类的 3％辛硫磷 1.5～2kg 拌细沙 10kg 配制成毒土，每株撒药土 1g 左右，撒入大喇叭口中，直接杀死初孵幼虫。

在玉米心叶末期（5％抽雄）每亩 0.15～0.2kg 的 Bt 乳剂制成颗粒剂或兑水 20～25kg 喷雾。

在玉米穗期，虫穗率达 10％或百穗花丝有虫 50 只时，使用药剂喷雾防治。药剂可用菊酯类或有机磷类药剂防治，如用 2.5％溴氰菊酯乳油 500 倍液或 50％辛硫磷乳油 1 000 倍液用无人机喷雾。

c. 玉米黏虫防治。平均每 100 株玉米有 50 头黏虫时开始防治。每亩用 25％高效氯氰菊酯乳油 15mL 兑水 20kg 喷雾；也可用 50％辛硫磷乳油 50～100mL 稀释 1 000～2 000 倍液喷雾。

d. 玉米丝黑穗病防治。用三唑类杀菌剂拌种防治效果较好，用 25％粉锈宁可湿性粉剂，按种子质量的 0.3％～0.4％湿拌种；也可用 2％立克秀粉剂 2g 加水 1L 混合均匀后拌种子 10kg，风干后播种。在使用时不得任意加大药量，以免造成药害。

e. 玉米大斑病、小斑病防治。防治玉米大斑病可在心叶末期到抽雄期或发病初期，喷洒 50％多菌灵可湿性粉剂 500 倍液，或用 50％甲基硫菌灵可湿性粉剂 600 倍液；或用农抗 12 水剂 200 倍液，隔 10d 防治 1 次，连续防治 2～3 次。

防治玉米小斑病发病初期喷洒 75％百菌清可湿性粉剂 800 倍液；或用 50％甲基硫菌灵可湿性粉剂 600 倍液间隔 7～10d 防治 1 次，连防 2～3 次。

f. 玉米穗腐病防治。播前用 50％多菌灵或甲基硫菌灵可湿性粉剂 100 倍液浸种 24h 后，用清水冲洗晾干后播种。

抽穗期发病用 50％多菌灵或 50％甲基硫菌灵可湿性粉剂 1 000 倍液或 25％苯菌灵乳油 800 倍液，重点喷施果穗和下部茎叶，隔 7～10d 喷雾 1 次，防治 1 次或 2 次。

（二）第 2 年秸秆翻埋还田

1. 秸秆粉碎还田

秋季玉米机械收获后，用秸秆粉碎机将秸秆粉碎（＜10cm）或重耙粉碎，对于畜禽粪便资源丰富区域，可配施有机肥（施用量 1.5m³/亩以上）。结合秸秆深翻整地，将有机肥翻埋混入耕层土壤中。

2. 整地作业

深翻作业完成 3～5d 后，用圆盘耙进行重耙作业，对于秋季时间紧或土壤墒情过高无法进行秋季耙地作业的地块，可采用在深翻作业时加合墒器作业。秋季未进行重耙作业的地块，春耕前用圆盘耙进行重耙作业或使用旋耕机旋耕一次，然后进行重镇压，秋季进行过重耙作业的地块直接进行重镇压，打碎垡块，然后起垄达到待播状态。

3. 配套技术

配套技术与第 1 年相同，具体见上文。

（三）第 3 年秸秆翻埋（或碎混）还田

秋季玉米收获后，用秸秆粉碎机将秸秆粉碎，均匀分布于地表，然后用大马力拖拉机配套液压翻转犁将秸秆翻埋还田，翻埋深度 30cm 以上。再用圆盘耙进行重耙作业、重镇压、然后起垄达到待播状态。

秋季田间土壤含水量较高，不适宜翻埋还田的地块，可在春季实施秸秆碎混还田。春季碎混还田必须在土壤解冻深度达到 28cm 左右时开始作业，耕层解冻太浅，土壤含水量高，土壤黏重，秸秆混入效果不好，影响作业质量。混入田间的秸秆经过腐解和养分释放，可转化成有机质和速效养分，改善土壤理化性状，提高土壤有机质含量，培肥地力。

配套技术与第 1 年相同，具体见上文。

四、效益分析

以 3 年为一个周期, 3 年连续实施玉米秸秆翻埋还田。

(一) 投入成本

常规: 种肥＋田间除草、病虫防治＋机械收获＋旋耕起垄＋租地, 每年总投入约 1 043 元/亩。其中每年旋耕起垄机械作业费 25 元/亩。

此模式: 种肥＋田间除草、病虫防治＋机械收获＋秸秆还田＋租地, 每年总投入 1 123 元/亩, 其中秸秆翻埋还田投入成本 105 元/亩。

此模式与常规比较: 新增投入成本 80 元/亩, 3 年合计新增投入 240 元/亩 (表 5-15)。

表 5-15 第一个循环周期模式与常规整地环节投入成本比较

单位: 元/亩

投入类型	此模式		常规	
	名称	投入成本	名称	投入成本
整地环节投入	秸秆粉碎或重耙作业	20	旋耕起垄	25
	翻埋还田机械作业	40		
	翻后耙平	15		
	起垄	15		
	增施氮肥 (调节秸秆还田碳氮比)	15		
	合计	105		25
投入增减	80			

(二) 经济效益

常规: 年均玉米产量 650kg/亩, 玉米单价 2 元/kg, 年均收入 1 300 元/亩, 年均效益 257 元/亩。

此模式: 第 1 年玉米产量 684kg/亩, 玉米单价 2 元/kg, 收入 1 368 元/亩; 第 2 年玉米产量 710kg/亩, 玉米单价 2 元/kg, 收入 1 420 元/亩; 第 3 年玉米产量 730kg/亩, 玉米单价 2 元/kg, 收入 1 460 元/亩。3 年收入合计 4 248 元/亩。第 3 年玉米底肥减施 2kg/亩, 节支 7 元/亩 (表 5-16)。

此模式与常规比较: 第 1 个循环周期, 3 年合计新增纯效益 108 元/亩, 年均增加纯收益 36 元/亩。第 2 个循环周期, 玉米单产提高到 750kg/亩以上, 年新增粮食将达到 100kg/亩以上, 年增收 200 元/亩以上, 农民年新增纯效益

120 元/亩以上。

表 5-16　第一个循环周期模式与常规效益比较

内容	年投入 （元/亩）	年产出			
		年均产量 （kg/亩）	单价 （元/kg）	年均收入 （元/亩）	年均经济效益 （元/亩）
常规	1 043	650	2	1 300	257
此模式	1 123	708	2	1 416	293
此模式比常规增减	80	58		116	36

若经过 2~3 个循环周期建设，黑土地保护效果将更加明显，粮食综合能力将进一步提升。

（三）社会效益

该技术模式打破犁底层、加深耕层，疏松深层土壤；增加土壤通透性，提高土壤有机质含量，培肥地力，创建肥沃耕层，提高土壤抗旱、防涝、蓄水保墒能力，持续提升耕地质量，提高农业综合效益，促进农业的可持续发展。

（四）生态效益

该技术模式生态效益显著。一是可以改善土壤理化性状，增加耕层厚度，补充土壤养分，提高土壤有机质含量、提升耕地质量。二是可以创建肥沃耕层，建立"土壤水库"，提高土壤抗旱、防涝、蓄水保墒能力。三是解决秸秆焚烧、粪污乱堆乱放等现象，对环境保护具有明显作用。四是有机肥堆沤还田，实现秸秆与粪污综合利用，实现绿色种养循环。五是肥沃耕层构建，可提高化肥利用率，实现化肥减量施用，减少面源污染。

第十一节　宾县坡耕地保土提质技术模式

一、技术原理

该模式是以秸秆覆盖和有机肥还田为主体，辅以沟毁耕地修复和等高垄作水土保持工程的坡耕地保土提质技术体系，显著降低土壤流失，增加土壤蓄水量，培肥地力，全面提升坡耕地抵御水土流失的能力，提高坡耕地生产力。包括等高改垄、秸秆覆盖条耕、秸秆填埋侵蚀沟复垦和秸秆深翻还田配施有机肥4 项关键技术。等高改垄是改顺坡/斜坡垄作为等高垄作，降低垄向坡度，遏止或减小地表径流冲刷，有效降低土壤流失；实施秸秆全量覆盖还田条带耕作，增加地表覆盖度和粗糙度，起到免耕防治水土流失和提升土壤质量的作用；针对坡耕地中形成的侵蚀沟，采取秸秆打捆压实填埋上层覆土，实现沟毁耕地修复，田块扩大并完整；利用畜禽粪便、秸秆等有机物料堆制有机肥还田，快速提升侵蚀退化黑土耕地地力。

二、适用范围

适用于本县域漫川漫岗黑土区坡耕地。

三、操作要点

等高改垄是在坡面上实施的改垄工程，需将原垄平整后，重新按等高线规划垄向；侵蚀沟复垦是利用机械收获后的秸秆，打成紧实的方捆，填埋到侵蚀沟中，上面再覆半米厚的土，消除侵蚀沟，地块由破碎的变为完整的，机械能够通过，原沟道区恢复种植。等高改垄和侵蚀沟秸秆填埋复垦一次性完成，永久收益。秸秆覆盖条耕是机械收获后秸秆直接覆盖于地表，利用条耕机械，依照播种宽度创造间隔的疏松种床，第 2 年直接在苗床上播种，需 1 年一实施；有机肥施用可根据有机肥资源量，3 年中施用一次。

（一）坡面水土保持一次性整治工程措施

1. 措施组成

实施于坡面上一次性完成的水土保持工程措施，包括侵蚀沟秸秆填埋复垦和等高改垄，一次施工完成，永久受益。

2. 技术工艺

（1）侵蚀沟秸秆填埋复垦。东北沟道侵蚀严重，且多发育形成于坡耕地中，损毁耕地的同时，造成耕地支离破碎，阻碍机械行走，不利于现代大农业发展。利用秸秆资源丰富的优势，就近打捆填入侵蚀沟中，将整形挖出的土覆于秸秆层上半米，消除沟道，恢复种植，机械自由行走，将破碎的地块整理为完整的大地块。详细操作流程见黑龙江省地方标准《秸秆填埋侵蚀沟复垦操作规程》DB 23/T 2272—2018。

（2）等高改垄。东北坡耕地多顺坡/斜坡垄作，是导致水土流失加剧的主要因素之一，改为等高垄作，可有效降低垄向坡度，减小汇集于垄沟的径流流速即冲刷力，延长径流渗透时间，是坡耕地水土保持最为基础的措施。秋收后旋或耙平地表，沿等高线旋松起垄，宜实施条带种植。

（二）保土增肥农艺措施

以 3 年为一个循环周期。宜在已完成侵蚀沟复垦和等高改垄后的连片地块实施，也可在未改垄的坡耕地上实施，坡度＜5°。

1. 第 1 年种植玉米，实施秸秆全量覆盖还田条耕技术

（1）秸秆粉碎。秋季机械收获后覆于地表的碎秸秆，再次用秸秆粉碎机械将秸秆粉碎至小于 10cm 成条状的秸秆，直立茬管全部被打碎并汇集于垄沟位，垄台露出表土。

（2）条耕。利用条耕犁，沿垄台实施条耕作业，创造宽约 20cm、深不少于 20cm 的种床，种床带无秸秆覆盖，土壤疏松。

（3）种植管理。

a. 播种。

ⓐ选用良种。要选用经审定推广的增产潜力大、耐密植的优良品种，生育期所需活动积温应比当地平均活动积温少 200℃，保证品种在正常年份能够充分成熟，并有一定的时间进行田间脱水。种子质量要达到纯度不低于 97％，净度不低于 99％，发芽率不低于 93％，含水量不高于 16％。用种量要比普通种植方式多 10％～15％。

ⓑ播种时期。当耕层 5～10cm 的地温稳定通过 7～8℃时抢墒播种，播种期一般在 4 月 20 日—5 月 1 日。采用机械精量播种（免耕播种机）后进行镇压，镇压后播深达 3～4cm。

ⓒ种植密度。根据玉米品种特性和水肥条件确定，高水肥地块种植宜密，低水肥地块种植宜稀，耐密品种每公顷保苗 5.5 万～6.5 万株，稀植品种每公顷保苗 4.0 万～5.0 万株。若采用密植通透栽培可适当增加密度，每公顷保苗 6.5 万～7.5 万株。

b. 施肥。玉米施肥应遵循底肥为主、追肥为辅和化肥中氮、磷、钾按比例施用的原则。在生产过程中应依据地力等条件实施测土配方施肥。配方肥中氮、磷、钾比例为（2.5～2.8）∶1∶（0.8～1.1），磷、钾肥的全量深施做底肥，氮肥的三分之一或二分之一做底肥，余下的氮肥在玉米 7～9 片叶时做追肥施入。

c. 化学除草。选用广谱性、低毒、残效期短、效果好的除草剂。一般用乙草胺，即每公顷用 90％的乙草胺 1 500～1 750mL，兑水 400～600kg 喷施，进行苗前全封闭除草。在玉米 3～5 叶期，杂草 2～4 叶期茎叶喷雾，每公顷用 4％玉农乐 750～1 200mL 加 40％阿特拉津胶悬剂 1 200mL 兑水

450～750kg。

d. 虫害防治。6月中下旬，平均100株玉米有30头黏虫时达到防治指标，可用菊酯类农药防治，每公顷用量300～450mL，兑水450kg。在玉米大喇叭口前期，玉米螟防治指标达到百株活虫80头时，每公顷用3.5%锐丹乳油225mL，拌细砂150kg，每株使用2.5～3g进行防治。

e. 病害防治。玉米的主要病害有大斑病、丝黑穗病和茎腐病等，防治玉米病害最基本的途径是选用抗病品种，经过审定推广的玉米品种对这些病害都具有一定的抗性。

f. 机械收获。玉米进入完熟后，使用带粉碎装置的联合收割机进行收获，秸秆粉碎抛撒地表。

2. 第2年种植玉米，玉米实施秸秆全量覆盖还田条耕技术

种植管理与第1年相同，具体见上文。

3. 第3年种植玉米，实施有机肥抛撒还田技术

（1）有机肥抛撒。机械收获后覆于地表的碎秸秆，再次用秸秆粉碎机械将秸秆粉碎后，增施有机肥，施用量为2m³/亩以上，均匀抛撒于地表。

（2）翻压还田。采用200马力轮式拖拉机配套五铧犁进行深翻作业，翻耕深度25～30cm，并将秸秆全部翻埋于0～30cm土壤中。

（3）重耙作业。深翻作业完成3～5d后，用圆盘耙对深翻地块进行重耙作业，对于秋季时间紧或土壤墒情过高无法进行秋季耙地作业的地块，可采用在深翻作业时加合墒器作业。

也可用无后覆土板的旋耕机碎土抚平地表，再使用旋耕犁旋耕起垄。

（4）春季整地。秋季未进行作业的地块，春耕可直接旋耕起垄，起垄同时进行重镇压。

（5）种植管理。种植管理技术与第1年相同，具体见上文。

四、效益分析

（一）投入成本

1. 一次性工程措施投入成本

实施侵蚀沟秸秆填埋复垦，复垦一亩沟道需3万元，控制面积3公顷以上；实施等高改垄，需平地和起垄两项机耕作业，折合成本50元/亩。以上两项均是一次性投入永久受益。

2. 农业措施 3 年一个周期投入成本

第 1 年和第 2 年均实施秸秆覆盖条耕作业，属保护性耕作，增加的措施有秸秆粉碎和条耕两项作业，需 40 元/亩；免耕播种，无中耕，减少的是传统旋耕和 3 次中耕，节约耕作成本 33 元/亩。第 1 年、第 2 年扣除节本部分，两年共增加投入成本 14 元/亩。

第 3 年实施秸秆全量深翻还田或配合增施有机肥较常规新增投入成本 80～280 元/亩（秸秆翻压还田新增作业成本 80 元/亩，施用有机肥 2m³/亩，投入成本 200 元/亩）。

3 年一个循环周期内需增加投入成本 94～294 元/亩。

（二）经济效益

模式中农艺措施循环周期效益：第 1 年和第 2 年实施秸秆覆盖条耕，主要作用是保水保土，作物不减产；第 3 年实施秸秆全量深翻还田或配合施用有机肥，提升土壤肥力，增产玉米 30～90kg/亩，增收 37.2～111.6 元/亩（玉米价格按照 1.24 元/kg 计算）。农艺措施第一个循环周期，实现增收 37.2～111.6 元/亩。纯收益 −182.4～−56.8 元/亩。若经过 2～3 个循环周期建设，耕地质量提高，生态环境改善，农产品产量和品质逐年提高，不仅实现"藏粮于地"，经济效益也会逐年增加。下一个循环周期将实现纯收益 78～84.6 元/亩。为此，模式启动运行需项目支持。

（三）生态效益

本模式属耕地水土保持生态建设内容，其作用：一是可以有效遏制水土流失，减少地表径流 80% 以上，缓解作物水分胁迫，实现坡耕地可持续利用；二是改善土壤的物理性状，提高土壤有机质含量；三是创建秸秆利用新模式，减少了秸秆焚烧、无序堆放等现象，对环境保护具有明显作用。

（四）社会效益

改善农村环境，整治受损耕地，化解侵蚀沟毁地导致的社会矛盾，增加农民收入，提高农业的综合效益，保证现代农业的发展。

第十二节　绥棱县黑土地保护利用技术模式

一、水稻秸秆全量粉碎旋混切压还田黑土保护技术模式

（一）技术原理

该地区水田土壤存在的主要问题包括：耕层变薄、养分不均衡、保水和透

水性差、土质黏重、早春土温冷凉等问题。该技术模式主要技术内容是：结合秋季和第 2 年春季水田整地，把水稻秸秆均匀混埋于 20cm 耕层之中，并辅以减肥、控水等农艺措施，构建稻田高效耕作层。即：水稻秸秆秋季全量粉碎直接旋耕混埋还田，然后第 2 年春季搅浆整地时，进一步将混埋于耕层中的秸秆均匀切压混拌于 20cm 耕层之中，辅以测土配方施肥、减少化肥施用量、间歇性灌水等农艺措施。该技术避免了水稻秸秆灌水漂浮，搅浆整地时秸秆拖堆，混拌不均及后期大量沼气产生等问题。

（二）适用范围

该技术适宜在耕地坡度≤2°平地实施，该区域主要土壤类型为黑土、草甸土。

（三）操作要点

每年秋季，对水稻秸秆全量粉碎旋耕还田，第 2 年春季搅浆整地时利用专用搅浆平地机进一步将秸秆均匀地搅拌切压于 20cm 耕层之中。

1. 秸秆还田

（1）秸秆粉碎。秋季收获时，水稻收割机要配带稻草粉碎和均匀抛撒装置，将稻草切碎至 10cm 以下。排出碎秆要分布均匀、不积堆（否则易出现有害气体影响水稻生长）；留茬高度为 10～15cm（图 5-8）。

图 5-8　秋季收割过程的稻草粉碎和均匀抛撒

（2）秸秆全量旋耕混埋还田。秋季土壤相对含水量达到 60％～70％时，用 90 马力以上的拖拉机牵引旋耕机旋地，旋耕机转速宜高不宜低，便于进一步粉碎秸秆并与土壤混合，旋耕深度 18～20cm，把水稻秸秆均匀混埋于 20cm 耕层之中（图 5-9）。

（3）第 2 年春季搅浆整地切压搅匀。第 2 年春季，根据插秧时间提前

图 5-9　秋季秸秆全量旋耕混埋还田

15～20d 放水泡田，必须采用花达水泡田，即土壤处于全蓄水量状态，水深没过耕层 2～3cm，达到寸水不漏泥标准，土壤处于薄浆结持状态；然后用带切压秸秆装置的搅浆平地机进行搅浆平地作业，耖平 2～3 遍，将秸秆进一步切压搅匀到 20cm 耕层内，使秸秆不漂浮、田面平整，达到待插状态（图 5-10）。

图 5-10　带切压装置的搅浆平地机及搅浆平整后的水田

2. 栽培关键环节

（1）插秧时期。日平均温度稳定通过 12～13℃时开始插秧。5 月 10 日开始插秧，5 月 20 日结束（图 5-11）。

（2）本田管理。

a. 间歇性灌水。实行节水灌溉，改善土壤的通气性。水稻移栽后水深 3～5cm，秧苗返青后应采用湿润灌溉，以促进土壤气体交换和有害气体释放。无水 1～2d 后，再灌新水 3～4cm，如此反复直到灌浆初期。灌浆至成熟期采用

图 5-11　全量秸秆还田后的水田插秧

间歇灌溉，收割前 5~7d，排水晒田，防止脱水过早青枯、早衰。

b. 配方减量施肥。根据土壤肥力和目标产量确定合理施肥量，一般养分公顷投入总量为氮肥 120~150kg、磷肥 60~65kg、钾肥 65~70kg。氮肥 50％做基肥，25％做返青肥，25％做分蘖肥；磷肥全部做基肥施入；钾肥 50％做基肥，50％做穗肥。具体施肥如下：

施用 48％含量的复合肥（氮磷钾含量分别为 16％）350~400kg/hm²，全部做基肥。施用尿素 200kg/hm²（比常规减少 50kg/hm²），其中 100kg/hm² 做基肥，50kg/hm² 做返青肥，5 月 25 日左右追施，另 50kg/hm² 做分蘖肥，6 月 15 日左右追施，追肥时水层均为 3~5cm。

c. 其他技术同常规。

（四）效益分析

以 3 年为一个循环周期。

1. 投入成本

常规：每年水田旋耕、搅浆整地 70 元/亩，3 年合计 210 元/亩。

此模式：每年水稻秸秆全量粉碎旋耕还田作业平均 50 元/亩，搅浆整地 40 元/亩，计每年投入 90 元/亩，3 年合计 270 元/亩。

此模式与常规比较：年均增加作业成本 20 元/亩。

2. 经济效益

此模式与常规比较：第 1 年增产水稻 25kg/亩，第 2 年增产水稻 40kg/亩，第 3 年增产水稻 50kg/亩。年均增产水稻 38.3kg/亩，年均增收 114.9 元/亩（水稻价格 3.0 元/kg），扣除年均新增作业成本 20 元/亩、增施氮肥投入 14 元/亩，每年可新增效益 80.9 元/亩。一个循环周期可增加经济效益

242.7 元/亩。

3. 生态效益

一是可以改善土壤的物理性状，增加耕层厚度，提高土壤有机质含量。二是可以提高耕地质量。三是减少了秸秆焚烧、无序堆放等现象，对环境保护具有明显作用。

4. 社会效益

实现了北方高寒地区 1 年 1 熟制生产周年水田秸秆全量还田目标。改善农村环境，提高粮食产量，增加农民收入，提高农业的综合效益，促进农业的可持续发展。

二、绥棱县旱田肥沃耕层构建黑土保护技术模式

（一）技术原理

实行米—豆或豆—米"二二"轮作，大豆根系具有改善土壤结构的功能，同时大豆可以通过共生固氮减少氮肥的施用；玉米秸秆翻埋还田可打破犁底层，加厚耕作层，提高耕作层蓄水保墒保肥供肥能力。

（二）适用范围

该技术适宜在本县域耕地坡度 2°～5°的缓坡地实施，该区域主要土壤类型为黑土和草甸黑土。

（三）操作要点

1. 第 1 年种植玉米，前茬大豆深松整地

（1）地块选择。土地连片，坡度小于 5°。

（2）茬口选择。选择前茬未使用长残留农药的大豆茬。

（3）整地方法。前茬大豆秋季收获后，采用 160 马力以上具有导航功能的拖拉机配套的深松、旋耕灭茬、起垄镇压一体机进行起垄作业，旋耕深度 18～20cm，深松深度 35cm 以上，垄距 65cm，垄高 17～22cm，100m 偏差不超过 5cm，垄距均匀一致，垄误差不大于 1cm，结合线误差不大于 2cm，垄向笔直垄体饱满，达到待播状态。畜禽养殖发达地区，可增施腐熟好的有机肥（每亩施用 1.5m³ 以上）。

（4）栽培要点。

a. 选用良种。要选用增产潜力大、根系发达、抗逆性强、适于密植的耐密型和半耐密型品种，第三积温带主栽禾田 4 号，搭配南北 5 号、先达 203 号。

b. 播种时期。当耕层 5～10cm 地温稳定通过 8℃时即可播种，播种期一般在 4 月 28 日—5 月 5 日。

c. 种植密度。根据玉米品种特性和水肥条件确定，高水肥地块种植宜密，低水肥地块种植宜稀，植株繁茂的品种公顷保苗 6.0 万～6.5 万株，株型收敛的品种公顷保苗 6.5 万～7.5 万株。土壤肥力好的每公顷播种 7.0 万～7.5 万株，肥力较差的每公顷播种 6.5 万～7.0 万株。

d. 化学除草。选用广谱性、低毒、残效期短、效果好的除草剂。一般用阿乙合剂，即每公顷用 40％的阿特拉津胶悬剂 3～3.5kg 加乙草胺 2kg，兑水 500kg 喷施，进行全封闭除草。

e. 配方施肥。根据土壤肥力和目标产量确定合理施肥量，养分投入总量为：氮肥 160～180kg/hm^2、磷肥 60～90kg/hm^2、钾肥 75～80kg/hm^2。氮肥 50％作基肥施入，剩余 50％在拔节期施入；在玉米拔节期～喇叭口期喷施 1～2 次含腐植酸叶面肥。

f. 病虫害防治。

ⓐ玉米螟。于玉米螟卵盛期在田间三次放蜂，放蜂 22.5 万头/hm^2。或玉米喇叭口末期用 50 000UI/mgBt 粉剂 375g/hm^2 兑水喷雾。

ⓑ大斑病。在心叶末期到抽雄期或发病初期喷洒 50％多菌灵可湿性粉剂 500 倍液或 50％甲基硫菌灵可湿性粉剂 600 倍液，喷杆喷雾机喷雾，隔 10d 防治 1 次，连续防治 2～3 次。

（5）玉米收获。秋季玉米用联合收获机作业后，秸秆切碎长度要小于 10cm，抛撒均匀；若玉米秸秆粉碎长度超过 10cm，需进行二次粉碎。

2. 第 2 年种植大豆，前茬玉米秸秆实行全量粉碎翻压还田

（1）整地方法。

a. 进行秸秆翻埋作业。用大马力拖拉机带翻转犁或浅翻深松犁进行翻埋作业。耕翻深度控制在 30～35cm，浅翻深松深度控制在 30cm 以上，扣垡严密，不出现回垡现象，无堑沟，不重不漏，翻后地表平整，地表 10m 内高低差不超过 10cm，地表残茬不超过 10％。

b. 耙地、碎土作业。耙地作业要根据土壤垡块大小来选择适宜的耙地机具，翻埋后的耙地作业比较适合轻耙或者中型耙，需要耙两遍地，达到碎土效果，耙深达到 8～10cm。

c. 起垄、镇压作业。根据起垄机大小配备相应马力段的拖拉机，作业时垄高要控制在 17～22cm，垄向笔直，垄体饱满，100m 偏差不超过 5cm，垄距误差不大于 1cm，结合线误差不大于 2cm，不起垡块，不出名条，不出张口垄，地头整齐。

（2）选用优质高产品种。要选择生育期适宜、抗逆性强、高产的优质大豆品种，如东生 1 号、北豆 40 号、棱豆 3 号、黑河 45 号等。

（3）根瘤菌拌种。每亩地种子用 15mL 根瘤菌拌种。

（4）配方施肥。根据土壤肥力和目标产量确定合理施肥量，养分投入总量为：氮肥 50～55kg/hm²、磷肥 75～80kg/hm²、钾肥 55～60kg/hm²。

（5）促控处理。植株长势较弱时，在始花期，每公顷用尿素 7kg，加硼钼微复肥 0.2kg，再加磷酸二氢钾 1.5kg，兑水 500kg 叶面喷施；在始荚期，每公顷用尿素 7kg，兑水 500kg，叶面喷施。如果大豆前期生长旺盛，大豆初花期，即将封垄前，每公顷用 5％烯效唑粉剂 900g，兑 450kg 水叶面喷施，防止倒伏。

（6）化学除草。

a. 土壤封闭。每公顷可用 90％乙草胺 2 000～2 400mL 或 96％异丙甲草胺 1 500～1 950mL＋75％噻吩磺隆 30～50g 兑适量水土壤封闭除草。

b. 茎叶处理。每公顷用 12.5％烯禾啶 1 250～1 500mL，或 12％烯草酮 450～600mL，或 5％精喹禾灵 750～900mL＋48％灭草松 1 500mL，兑水 300～350kg 喷雾。

（7）主要病虫害防治。

a. 灰斑病和霜霉病防治。可在发病初期用 50％多菌灵可湿性粉剂，每公顷 1 500g，兑水喷雾防治。

b. 菌核病防治。发病初期可用 50％速克灵或 40％菌核净可湿性粉剂 1 000 倍液喷雾防治，也可用 50％多菌灵可湿性粉剂 500 倍液喷雾防治。

c. 胞囊线虫病防治。胞囊线虫病常发生地区进行种子处理，用 10％克百威种衣剂进行包衣。

d. 蚜虫防治。蚜虫发生时期一般为 6 月中旬至 7 月中旬，当 5％～10％的植株卷叶或百株蚜量在 1 500 头以上时防治。每公顷用 5％来福灵乳油 0.3L，2 000～3 000 倍液喷雾防治或 10％比虫啉 300g，兑水 400kg 喷雾防治。

e. 大豆食心虫防治。通常发蛾高峰期为 8 月 8 日—15 日。当傍晚豆田成虫出现成群飞舞时，用 2～4kg/hm² 80％敌敌畏乳油浸 40～60 根玉米轴，抛于田间熏蒸防治，浸过敌敌畏的玉米轴每 3～5 垄抛一垄，3～5m 远抛一根。幼虫防治可在成虫高峰期后 5～7d 内，用 20％氯氰乳油或 2.5％功夫乳油

2 000～4 000 倍液喷雾防治。

（8）收获。机械收获，叶片全部落净，豆粒归圆时进行；机械收获时，损失率≤3%，破碎率≤1%，割茬不留底荚。

（四）效益分析

以 2 年为一个循环周期，第 1 年种植玉米，第 2 年种植大豆。

1. 投入成本

常规：玉米茬（秸秆不还田）深松、旋耕、起垄、镇压 30 元/亩；大豆茬整地投入 20 元/亩。两年合计机械整地作业成本 50 元/亩。

此模式：玉米秸秆翻压还田机械作业（达到待播状态）投入 90 元/亩；大豆茬深松联合整地投入 25 元/亩。两年合计投入成本 115 元/亩。

此模式与常规比较：一个循环周期增加作业成本 65 元/亩。

2. 经济效益

此模式：第 1 年，玉米增产 40kg/亩，增收 56 元/亩（玉米价格按 1.4 元/kg 计算）；第 2 年，大豆增产 25kg/亩，增收 125 元/亩（大豆价格按 5.0 元/kg 计算）。两年合计增收 181 元/亩。

此模式与常规比较：一个循环周期，增收合计 181 元/亩，新增经济效益合计 116 元/亩。农民年均增加纯收益 58 元/亩。

3. 生态效益

一是可以改善土壤的物理性状，增加耕层厚度，提高土壤有机质含量。二是可以提高耕地质量。三是减少了秸秆焚烧、无序堆放等现象，对环境保护具有明显作用。

4. 社会效益

改善农村环境，提高粮食产量，增加农民收入，提高农业的综合效益，促进农业的可持续发展。

第十三节　富锦市黑土地保护利用技术模式

一、旱作区"全量填充，增肥加厚"黑土保护利用模式

（一）技术原理

为了达成黑土地保护目标，采取和实施"全量填充，增肥加厚"的一系列土壤改良措施。所谓"全量填充，增肥加厚"的全量：秸秆全量翻埋还田、测土配方施肥补齐营养短板，营养全面；"填"即填充秸秆、填充有机肥料、填

充空气；"增"即增加有机质含量、增加土壤团粒结构、增加土壤孔隙度，增强土壤的供水供肥能力、增强土壤的缓冲能力、增强抗御冷害和旱涝灾害的抗灾能力；"肥"即通过施用有机肥料、微生物肥料的补充，全面提升土壤供肥性能，为作物根系发育奠定肥力基础；"加厚"：对于存在犁底层障碍的黏重土壤，通过深松深翻配合秸秆还田打破犁底层，改善土体结构，加厚耕作层，拓展根系伸展空间，确保作物健康生长；增施有机肥，促进土壤团粒结构，有效遏制土壤有机质含量下降、土壤理化和生物性状恶化等趋势，实现由掠夺式经营向保护性利用根本性转变，藏粮于地。

（二）适用范围

适于黑龙江省富锦市旱作区。

（三）技术模式

在米-豆或米-米-豆轮作的基础上，针对黑土层、土壤养分等方面存在的突出问题，形成二个技术模式。

1. 模式一：旱田扩容保育技术模式

关键技术：采取秸秆深翻，耕层扩容技术。以秸秆全量翻埋与耕层扩容为关键技术，构建深厚肥沃的高标准耕作层。

适宜范围：适宜于黑土层在 30cm 以上、黏粒含量在 35％以上，土壤黏重、犁底层厚的中厚层黑土、草甸土类型旱耕地。

2. 模式二：旱田增肥补亏修复技术模式

关键技术：采取二元归还，增肥补亏技术，针对薄层黑土、暗棕壤等旱耕地，采取秸秆翻埋与增施有机肥，针对白浆土这类障碍性耕地采取秸秆翻埋与增施有机肥、磷肥同步实施，快速提升耕地基础地力，实现土层一次性改造。

适宜范围：适宜于存在黑土层薄、土壤养分贫瘠、土壤物理性状差等问题的薄层黑土、暗棕壤、白浆土等类型的旱耕地。

（四）操作要点

以 3 年为一个循环周期。

1. 第 1 年种植玉米

（1）秸秆翻埋还田。

a. 秸秆粉碎。对秸秆进行二次粉碎，粉碎长度小于 10cm。

b. 翻压还田。秸秆粉碎完成后，采用≥150 马力的 1504 轮式拖拉机配套液压翻转犁进行深翻作业，翻耕深度 30～35cm，并将秸秆全部翻埋于 30cm

土壤中。

c. 重耙作业。深翻作业完成 3～5d 后，用圆盘耙对深翻地块进行重耙作业，对于秋季时间紧或土壤墒情过高无法进行秋季耙地作业的地块，可采用在深翻作业时加合墒器作业。

d. 春季整地。秋季未进行重耙作业的地块，春耕前用圆盘耙进行重耙或使用旋耕机旋耕一次，然后进行重镇压；秋季进行过重耙作业的地块直接进行重镇压。

(2) 单粒播种。播种、覆土、镇压作业一次完成。

a. 选用良种。要选用增产潜力大、根系发达、抗逆性强、适于密植的耐密型和半耐密型品种，选用品种的熟期适宜的主推品种，早中晚品种搭配，可选生育期在 110～115d 的品种。

b. 播种时期。当耕层 5～10cm 地温稳定通过 8℃ 时即可适时早播，播种期坡岗地 4 月 20—30 日，平川地 4 月 25 日—5 月 5 日，低洼地宜耕期内适时早播，一般在 5 月 5—25 日播种结束，最迟不得晚于 5 月 30 日。

c. 种植密度。根据玉米品种特性和水肥条件确定，高水肥地块种植宜密，低水肥地块种植宜稀，植株繁茂的品种公顷保苗 6.0 万～6.5 万株，株型收敛的品种公顷保苗 6.5 万～7.5 万株。土壤肥力好的每公顷播种 7.0 万～7.5 万株，肥力较差的每公顷播种 6.5 万～7.0 万株。

(3) 除草。采取以翻耕灭草、机械灭草为主，化学灭草为辅的杂草防治策略，做到能不用就不用、能少用就少用化学药剂除草。

a. 机械除草。通过翻耕和机械灭草降低杂草发生基数，播后苗前采用趟蒙头土、苗后早期采用梳苗机（滚地龙）进行机械除草。

b. 封闭除草。选用广谱性、低毒、残效期短、效果好的除草剂。一般用阿乙合剂，即每公顷用 40% 的阿特拉津胶悬剂 3～3.5kg 加乙草胺 2kg，兑水 500kg 喷施，进行全封闭除草。

c. 茎叶除草。一般选用 4% 烟嘧磺隆 1L＋38% 莠去津 1.5L＋15% 硝磺草酮 0.88L（或者三元复配混剂）兑水喷雾。防治时期玉米 3～5 叶期。注意事项，气温不得高于 25℃，空气湿度不得低于 65%，不得与有机磷类杀虫剂同时使用，否则会有药害发生。

(4) 施肥。实施测土配方施肥，根据土壤肥力和目标产量确定合理施肥量，补足中微量元素，适当增施有机肥料和微生物肥料。肥料投入总量为：结合扬施有机肥料 22.5t/hm²，施用 46% 尿素 250～300kg/hm²、64% 磷酸二铵

$125\sim225kg/hm^2$、50%硫酸钾 $125\sim150kg/hm^2$、20%硫酸锌 30kg，尿素 100kg 和全部磷钾、锌肥作底肥施入；剩余尿素 $120\sim150kg$ 在拔节期结合中耕追施。

a. 模式一。公顷施用 46%尿素 250kg、64%磷酸二铵 125kg、50%硫酸钾 125kg，适当补施锌肥、硼肥。

b. 模式二。3 年扬施一次有机肥料 $22.5t/hm^2$，公顷施用 46%尿素 250kg、64%磷酸二铵 200kg、50%硫酸钾 150kg，适当补施锌肥、硼肥。

（5）病虫害防治。贯彻预防为主综合防治的植保方针，加大优质高效的种衣剂推广应用面积，突发病虫害原则上采取中草药等植物源和生物源药剂为主、化学药剂为辅的防治策略。

2. 第 2 年种植大豆，实施玉米—大豆轮作

（1）大豆秸秆还田。

a. 碎混还田。联合收获机收获大豆时，带秸秆还田粉碎抛撒装置的，秸秆切碎长度要小于 10cm，秸秆抛撒要均匀，然后旋耕或耙茬混拌至 $0\sim15cm$ 的耕层中，起垄达到播种状态。

b. 覆盖还田。大豆秸秆粉碎均匀抛撒，下 1 年春季实施免耕播种。

（2）选用优质高产品种。选择生育期适宜、抗逆性强、高产的优质大豆品种，如合丰系列、绥农系列、黑河系列、东农系列种子等。

（3）合理施肥。一般情况下，可利用前茬玉米茬，减少施肥量，每公顷施用 46%尿素 $25\sim40kg$、64%磷酸二铵 $100\sim150kg$、50%硫酸钾 $50\sim60kg$，肥种分开，施于种侧下 $4\sim5cm$，化肥用量可以调节。结合测土结果和生育期间土壤监测数据以及田间长势，适当追肥或喷施含钼酸铵的叶面肥料。确保大豆优质高产栽培目标的实现。

根据不同土壤类型和保护利用目标有针对性地进行合理施肥。

a. 模式一。每公顷施用 46%尿素 25kg、64%磷酸二铵 125kg、50%硫酸钾 50kg。

b. 模式二。每公顷施用 46%尿素 40kg、64%磷酸二铵 150kg、50%硫酸钾 60kg。

（4）主要病虫害防治。贯彻预防为主，综合防治的植保方针，加大优质高效的种衣剂推广应用面积。突发病虫害原则上采取中草药等植物源和生物源药剂为主、化学药剂为辅的防治策略。

（5）收获。人工收获，落叶率达 90%时进行；机械收获，叶片全部落

净，豆粒归圆时进行。机械收获时，损失率≤3%，破碎率≤1%，割茬不留底荚。

3. 第 3 年种植玉米

技术操作与第 1 年相同，具体见上文。

(五) 效益分析

1. 经济效益

以 3 年为一个循环周期，2 年种植玉米、1 年种植大豆。

(1) 旱田扩容保育技术模式经济效益分析。

常规：秸秆出地，3 年整地成本 75 元/亩，3 年化肥成本 240 元/亩，3 年合计成本为 315 元/亩；3 年中，玉米单产平均为 700kg/亩，大豆单产平均为 183kg/亩；玉米价格按照 1.24 元/kg，大豆价格按照 3.3 元/kg 计算，3 年合计收入为 2 339.9 元/亩（未包括其他投入，下同），3 年合计效益为 2 126.31 元/亩（未扣除其他投入，下同）。

此模式：

第 1 年，玉米秸秆翻埋还田成本 85 元/亩，化肥成本 116.33 元/亩，合计成本 201.33 元/亩；单产为 735kg/亩，玉米价格按照 1.24 元/kg 计算，收入为 911.4 元/亩，增收 710.07 元/亩，新增效益－32.93 元/亩。

第 2 年，大豆秸秆还田，秸秆碎混成本 25 元/亩，化肥成本 39.33 元/亩，合计成本 64.33 元/亩；单产为 197.6kg/亩，大豆价格按照 3.3 元/kg 计算，收入为 652.08 元/亩，增收 587.75 元，新增效益 48.85 元/亩。

第 3 年，玉米秸秆翻埋还田成本 85 元/亩，化肥成本 100 元/亩，合计成本 185 元/亩；单产为 784kg/亩，玉米价格按照 1.24 元/kg 计算，收入为 972.16 元/亩，增收 787.16 元/亩，新增效益 44.16 元/亩。

此模式与常规比较：

第一个周期：3 年合计新增成本 135.66 元/亩，增收 195.74 元/亩，新增效益 60.08 元/亩。

若经过 2～3 个循环周期，耕地地力得到提升，可增产 18% 以上，年均增产玉米 126kg/亩，年均增收 156.24 元/亩；年均增产大豆 33kg/亩，年均增收 108.9 元/亩。年均减肥 1.73kg/亩，年均节支 5.43 元/亩，年均节本增收计 145.90 元/亩（表 5－17，表 5－18）。

表 5 - 17　旱田扩容保育技术模式效益分析

单位：元/亩

技术模式	投入与收入		第 1 年（玉米）	第 2 年（大豆）	第 3 年（玉米）	合计
旱田扩容保育技术模式	常规	投入成本	125	65	125	315
		收入	868	603.9	868	2 339.9
		效益	743	538.9	743	2 024.9
	此模式	投入成本	201.33	64.33	185	450.66
		收入	911.4	652.08	972.16	2 535.64
		效益	710.07	587.75	787.16	2 084.98
		纯增效益	−32.93	48.85	44.16	60.08

表 5 - 18　旱田扩容保育技术模式产出分析

技术模式		第 1 年（玉米）			第 2 年（大豆）			第 3 年（玉米）		
		亩产量（kg）	单价（元/kg）	亩收入（元）	亩产量（kg）	单价（元/kg）	亩收入（元）	亩产量（kg）	单价（元/kg）	亩收入（元）
旱田扩容保育技术模式	常规	700	1.24	868	183	3.30	603.9	700	1.24	868
	此模式	735	1.24	911.4	197.6	3.30	652.08	784	1.24	972.16
	增减	35	1.24	43.4	14.6	3.30	48.18	84	1.24	104.16

（2）旱田增肥补亏修复技术模式经济效益分析。

常规：以 3 年为一个循环周期，2 年种植玉米、1 年种植大豆，秸秆出地，3 年整地成本 75 元/亩，3 年化肥成本 292 元/亩，3 年合计成本为 367 元/亩；3 年中玉米单产平均为 650kg/亩，大豆单产平均为 160kg/亩；玉米价格按照 1.24 元/kg，大豆价格按照 3.3 元/kg 计算，3 年合计收入为 2 140 元/亩；3 年合计收益 1 773 元/亩。

此模式：

第 1 年，玉米秸秆还田配合施用有机肥，秸秆翻埋＋施用有机肥成本 337.00 元/亩，化肥成本 87.58 元/亩，合计成本 424.58 元/亩；单产为 695.5kg/亩，玉米价格按照 1.24 元/kg 计算，收入为 862.42 元/亩，增收 437.84 元/亩，新增效益−222.16 元/亩。

第 2 年，大豆秸秆还田，秸秆碎混成本 25 元/亩，化肥成本 42.73 元/亩，合计成本 67.73 元/亩；单产为 176kg/亩，大豆价格按照 3.3 元/kg 计算，收入为 580.8 元/亩，增收 513.07 元/亩，新增效益 60.07 元/亩。

第 3 年，玉米秸秆翻埋还田成本 85 元/亩，化肥成本 146 元/亩，合计成本 231 元/亩；单产为 734.5kg/亩，玉米价格按照 1.24 元/kg 计算，收入为 910.78 元/亩，增收 679.78 元/亩，新增效益 19.78 元/亩。

此模式与常规比较：

第一个周期：3 年合计新增成本 356.31 元/亩，增收 214 元/亩，新增效益－142.31 元/亩。

若经过 2~3 个循环周期建设，耕地地力得到提升，可增产 20% 以上，年均新增玉米 130kg/亩，增收 161.2 元/亩；年均增产大豆 32kg/亩，增收 105.6 元/亩。还可减少化肥 18%，年均减肥 3kg/亩，年均节支 9 元/亩。年均节本增收 150.7 元/亩。对于绿色食品生产方向的经营主体而言，效益无疑是正向叠加的（表 5 - 19、表 5 - 20）。

表 5 - 19　旱田增肥补亏修复技术模式产量经济效益分析

单位：元/亩

技术模式	投入与收入	第 1 年（玉米）	第 2 年（大豆）	第 3 年（玉米）	合计
	投入成本	146	75	146	367
常规	收入	806	528	806	2 140
	效益	660	453	660	1 773
旱田增肥补亏修复技术模式	投入成本	424.58	67.73	231	723.31
此模式	收入	862.42	580.8	910.78	2 354
	效益	437.84	513.07	679.78	1 630.69
	纯增效益	－222.16	60.07	19.78	－142.31

表 5 - 20　旱田增肥补亏修复技术模式产出分析

技术模式		第 1 年（玉米）			第 2 年（大豆）			第 3 年（玉米）		
		亩产量（kg）	单价（元/kg）	亩收入（元）	亩产量（kg）	单价（元/kg）	亩收入（元）	亩产量（kg）	单价（元/kg）	亩收入（元）
旱田扩容保育技术模式	常规	650	1.24	806	160	3.3	528	650	1.24	806
	此模式	695.5	1.24	862.42	176	3.3	580.8	734.5	1.24	910.78
	增减	45.5	1.24	56.42	16	3.3	52.8	84.5	1.24	104.78

2. 社会效益

该模式增加了土壤物质和能量循环，增强了土壤宜耕性，提高了土壤肥力，有效提升土壤生产潜力，让黑土耕地"更有劲"。让农民群众对有机肥施用、秸秆还田、深翻深松整地等的技术措施重要性有了更高的认识。变废为宝，改善人居环境，增加农民收入，建设了美丽乡村，其社会效益显著。

3. 生态效益

该模式的生态效益明显。秸秆、禽畜粪便资源化利用，黑土地的生态系统服务功能增强，地越耕越肥，黑土地得以永续利用，粮食安全、食品安全、生态安全、人类健康都有了保障。

二、富锦市水田优化培肥技术模式

（一）技术原理

对于存在犁底层障碍的黏重土壤，通过旋耕深翻打破犁底层，配合秸秆还田，改善土体结构，加厚耕作层，拓展根系伸展空间，确保作物健康生长；增施有机肥，促进土壤团粒结构，有效遏制土壤有机质含量下降、土壤理化和生物性状恶化等趋势，实现由掠夺式经营向保护性利用根本性转变，藏粮于地。

（二）适用范围

黑龙江省富锦市水稻区。

（三）技术模式

1. 模式一：秸秆翻埋耕层扩容技术模式

关键技术：以秸秆全量翻埋与耕层扩容为关键技术，构建深厚肥沃的高标准耕作层。

适宜范围：针对中、厚层土壤类型的水田。

2. 模式二：全量还田增肥技术模式

关键技术：采用秸秆全量翻埋还田配合施用有机肥为关键技术的全量还田增肥技术。

适宜范围：针对黑土层薄、土壤养分贫瘠的水田。

（四）操作要点

1. 种植管理

（1）秸秆抛撒。

a. 作业标准。粉碎的秸秆长度为 10cm 左右，抛撒要均匀，对后续各项作业和秧苗生长不会产生负面影响。

b. 抛撒机械。选择螺旋定刀式抛撒器。要求：螺旋排列的定刀式；抛撒器的刀片要磨刃；一侧抛撒器加装甩盘；抛撒均匀度高。

c. 抛撒作业质量检查。农户跟机作业，按照标准检查质量，出现秸秆长或成堆，要及时纠正。

（2）秸秆翻埋。

a. 宜耕期翻埋作业。深度18～22cm，耕层浅或日渗水量不足1cm的，应翻到20cm。

b. 冻前翻埋。黏重土壤可以在临上冻前，在土壤表层干燥或土壤水分降到35%以下时翻耕。

（3）旋耕。采用通轴旋耕机，缠草少，作业后秸秆分布均匀，旋耕深度12～15cm。

（4）春季旱整平。在春季化冻10cm时旱整平的，可采用机械耢平或激光平地。

（5）施肥。

a. 有机肥堆制施用技术。实行畜禽粪污与秸秆混合堆沤腐解工艺。充分利用两者的优缺点互补，趋利避害。实现粪污和秸秆无害化处理的同时，既充分腐解又利于作物生长发育。先以0.3%特种腐熟剂制作辅料，再将辅料以0.5%的比例混拌到粪污、秸秆和水的混合物中，同时加入0.3%的低温腐熟剂，确保低温条件下迅速起爆，加速菌剂扩繁，快速分解有机质，同时产生的热量，抑制了有害菌繁殖，进一步杀死有害菌和虫卵，降解了有害物质。经过检验达到国家标准再施入农田，黑土土壤有机质得到提升，保水保肥能力增强，提高肥料利用率，确保黑土地保护利用目标的实现。

b. 施肥配方。正常化肥施用比例一般为2.4∶1∶(1.2～1.5)，秸秆全量还田可增加尿素2kg/亩左右。连续水稻秸秆还田，可培肥地力，逐步减少化肥用量。要依据土壤养分测试结果，重新确定施肥量和施肥比例。结合每公顷扬施有机肥料22.5t，每公顷全程施尿素200～225kg、磷酸二铵100kg、50%硫酸钾100～150kg。搅浆前施用基肥尿素75kg和全部磷酸二铵和1/2的硫酸钾，施后立即搅浆，分蘖期追施尿素100kg，穗粒期追施尿素50kg，1/2的硫酸钾。

c. 施肥方法。底肥于旱整平或泡田前机械均匀扬施。分蘖肥于4叶展平后扬施，穗肥于分蘖末期机械扬施，穗肥于7月5—10日机械扬施。

（6）泡田。

a. 泡田标准。秸秆泡软，土块泡透。

b. 泡田水位。泡田时少上水,一般田间上水到土块下的 1/2～2/3 即可。

c. 泡田日数。一般要泡 5d 以上。

(7)浅搅浆。搅浆深度 12～15cm。

a. 搅浆标准。把秸秆搅拌到泥中,搅浆后上层为 1.5～2cm 的浅泥浆层,田面呈"胶泥"状。防止残茬漂浮影响插秧质量和增加人工捞稻茬费用。

b. 搅浆时机。秸秆泡软后,水渗到土块下 1/3 处,即田间呈花达水时开始搅浆。可以有零星的小花达水,但不要全田有水层,水多秸秆不能完全搅拌到泥里,会出现秸秆漂浮现象。

c. 搅浆作业。正常情况下,搅浆平地机速度慢 2 或慢 3 挡位,把稻茬均匀混拌在泥里。

d. 应变处理。遇到抛撒不匀或秸秆量大的地块,如果搅浆一次之后,仍有很多秸秆在泥面上,可以用慢 4 挡位再找平一次,把秸秆全部混拌到泥里。

e. 搅浆次数。尽量减少搅浆次数,次数多泥浆层厚,影响插秧深度。多次搅浆土壤结构过于细腻致密,通透性差,后期易出现根系早衰,影响产量、成熟度和出米率。

(8)耢地。搅浆后用刮板或直径 15cm 以上的钢管做成的耢子耢平泥面,防止秸秆漂到泥面上,达到寸水不露泥的效果,并耢出 2cm 左右的泥浆层。

(9)沉浆。耢地超平后,要根据具体土壤类型和手指划泥面合拢效果确定沉浆时间。土壤含砂较多,其沉浆时间过长会出现板结,黏重土壤沉浆时间要长一些。

2. 春季搅浆还田

春季秸秆搅浆还田与秸秆翻埋还田不同的是:秋季土壤水分过大,翻埋作业困难,采取无需进行翻埋、旋耕和旱平地作业直接搅浆的一种全量还田作业方式。只要春季于 4 月 20 日左右,直接上水 3～5cm,泡透后直接进行浅搅浆。作业方法同上。

3. 配套技术

(1)有氧灌溉。采取"浅-湿-干"的方式充氧壮根,除施肥和除草需要保持水层以外,不宜长时间淹灌,防止有毒气体损伤根系,提高抗倒伏能力,防水稻早衰。

(2)水层管理。

a. 分蘖期。水层 3～5cm,自然落干到脚窝无水为宜,然后再上水。

b. 分蘖末期。可重晒至田面有裂纹。

c. 结实期。实施"浅—湿—干"灌溉直到黄熟初期排干。

（3）除草。实施稻鱼共作、稻鸭共作，适当降低杂草基数，配合机械除草。

（4）病虫害防治。以农业防治为主，药剂防治为辅，强调前期种子包衣技术的应用，早期病虫害强调苗期健身防病，中后期病虫害采用中草药等植物源药剂和微生物药剂防治，突发病虫害按照防治预案执行。

（五）效益分析

1. 经济效益

（1）模式一：秸秆翻埋耕层扩容技术模式。

常规：以 3 年为一个循环周期，连续 3 年水稻秸秆焚烧或出地，每年整地成本 35 元/亩，每年化肥成本 110 元/亩；3 年合计成本为 435 元/亩；3 年单产平均为 533.3kg/亩，水稻价格按照 2.6 元/kg 计算，3 年合计收入为 4 159.74 元/亩（未包括其他投入，下同），3 年效益 3 724.74 元/亩（未扣除其他投入，下同）。

此模式：连续 3 年实施水稻秸秆翻埋还田，每年翻埋（包括增施尿素、腐熟剂）成本 79.3 元/亩，化肥成本 100 元/亩，3 年合计成本为 537.9 元/亩；3 年单产平均为 588kg/亩，水稻价格按 2.6 元/kg 计算，3 年合计收入为 4 586.4 元/亩；3 年效益 4 048.5 元/亩。

此模式与常规比较：

第一个周期：3 年合计新增成本 102.9 元/亩，增收 426.7 元/亩，新增效益 323.76 元/亩。

若经过 2～3 个循环周期建设，耕地地力得到提升，可增产 10% 以上，年均增产水稻 53.3kg/亩，年均增收 138.58 元/亩；还可减少化肥 10%～20%，年均减肥 3.3kg/亩，年均节支 9.9 元/亩；年均节本增收 148.48 元/亩；年均新增效益 104.28 元/亩。

（2）模式二：全量还田增肥技术模式。

常规：以 3 年为一个循环周期，连续 3 年水稻秸秆出地，每年整地成本 35 元/亩，每年化肥成本 115 元/亩；3 年合计成本为 450 元/亩；3 年单产平均为 510kg/亩，水稻价格按照 2.6 元/kg 计算，3 年合计收入为 3 978 元/亩；3 年合计效益 3 528 元/亩。

此模式：第 1 年，水稻秸秆还田配合施用有机肥，秸秆翻埋＋施用有机肥成本 463 元/亩，化肥成本 103.5 元/亩，成本合计 566.5 元/亩；单产为 586.5kg/亩，水稻价格按照 2.6 元/kg 计算，收入为 1 524.9 元/亩，效益 958.4 元/亩。

第 2 年，水稻秸秆还田，秸秆翻埋（增施尿素、腐熟剂）成本 85 元/亩，化肥成本 115 元/亩，成本合计 200 元/亩；单产为 561kg/亩，水稻价格按照 2.6 元/kg 计算，收入为 1 458.6 元/亩，效益 1 258.6 元。

第 3 年，水稻秸秆还田，秸秆翻埋（增施尿素、腐熟剂）成本 85 元/亩，化肥成本 110 元/亩，成本合计 195 元/亩；单产为 571.2kg/亩，水稻价格按 2.6 元/kg 计算，收入为 1 485.12 元/亩，效益 1 290.12 元/亩。

此模式与常规比较：

第一个周期：3 年合计新增成本 511.5 元/亩，增收 490.62 元/亩，新增效益－20.88 元/亩。

若经过 2～3 个循环周期建设，耕地地力得到提升，可增产 10％以上，年均增产水稻 62.9kg/亩，年均增收 163.54 元/亩；还可减少化肥 7％～15％，减肥 2.61kg/亩，节支 7.83 元/亩；年均节本增收 171.37 元/亩。对于绿色食品生产方向的经营主体而言，效益无疑是正向叠加。

2. 社会效益

通过该模式的应用，土体结构得到改善，耕作层加厚了，根系伸展空间得到了拓展，作物生长更加健康；土壤有机质含量下降的趋势得到有效遏制、土壤理化和生物性状趋好，从根本上改变了掠夺式经营局面，保护性利用深入人心，提高了土地生产潜力。项目区有机质提高、地力等级提升，稻谷产量得到提高，稻米品质得到提升，一定会不断地吸引更多的稻农投入黑土地保护事业中来。人们对黑土地保护就会更加重视。

3. 生态效益

秸秆和畜禽粪便等资源化利用，实现了种养结合，推动循环农业发展，届时，天会更蓝、水会更净、土壤更肥沃，鸟语蛙鸣稻香浑然一体、人与自然更加和谐，更加适合绿色稻谷生产。

第十四节　宝清县黑土地保护利用技术模式

宝清县位于大兴安岭东麓、完达山脉及东部山区交汇处，是三江平原的腹地，全区土壤类型以黑土为主，北纬 45°47′08″—46°53′55″，东经 131°14′16″—133°29′48″，全境地貌结构复杂，各种地形具备，大体是四山、一岗、三平、二低称为"四山一水四分田，半分芦苇半草原"的自然景貌。属于温带大陆性湿润气候，平均年降水量574mm，≥10℃有效积温2 570℃，无霜期147d。

一、宝清县玉米连作秸秆全量还田提质增肥模式

（一）技术原理

由于秸秆还田量低，长年施用化肥、忽视有机肥料投入，有机质含量降低，土壤肥力下降，养分失衡；耕地经营地块小而散，又以小马力拖拉机耕作，致使犁底层上升，耕层厚度变浅，土壤保肥、蓄水保墒能力下降。通过大马力机械深翻，打破犁底层，增加了耕层厚度，降低了土壤容重；通过养分调控，促进了土壤中氮磷钾及中微量元素养分的平衡，增强了土壤肥力，促进了土壤中水、肥、气、热的综合作用。同时，由于玉米秸秆富含氮、磷、钾、钙、镁、硫和丰富的腐植酸、有机质等，是较好的肥源之一。

（二）适应范围

该模式适应本区所有旱田玉米连作区，包括黑土、草甸土耕地。

（三）操作要点

1. 第1年：种植玉米，实施玉米秸秆粉碎翻压还田

（1）秸秆翻压还田。

a. 秸秆粉碎。秋季在玉米完成机械收获后，使用秸秆粉碎机对秸秆进行二次粉碎，使秸秆长度＜10cm，覆盖于地表，如果机械收获后秸秆粉碎程度较好（＜10cm），不需要进行二次粉碎作业。

b. 增施氮肥。玉米秸秆直接还田后土壤中碳素物质会增加，而微生物分解碳素，必须从土壤中吸取氮素，若不及时增施氮肥，就容易导致土壤中氮素不足，影响下茬作物生长，甚至造成减产。因此，秸秆还田时及时增施氮肥，保证作物正常生长的需求。根据秸秆还田量的不同，提倡每亩增施尿素4kg左右为宜。

c. 秋季深翻作业。采用大马力拖拉机（≥200马力）配套液压翻转犁进行深翻作业，翻耕深度应达到30cm以上，并将秸秆深翻至20～30cm土层，扣垡严密，不出现回垡现象，无堑沟，不重不漏，翻后地表平整。

d. 重耙作业。提倡秋季重耙作业两次再起垄，如果秋季土壤墒情条件不允许则在第2年春季4月中旬，土壤化冻深度达到30cm左右时，及时对深翻地块进行再次重耙，耙地作业根据土块大小来选择适宜的耙地机具，需要耙两遍地达到碎土效果，耙深达到8～10cm，起垄同时进行镇压。使地块达到待播

状态。

（2）配方施肥。秋季进行取土化验，参照土壤化验数据，在施肥时，有针对性的调节氮磷钾比例及中微量元素肥料，补充调节土壤养分，实现平衡施肥。施用尿素（46％）20kg/亩，20％做底肥，80％在玉米7～9叶期作追肥；施用磷酸二铵（64％）13.5kg/亩，做底肥；施用氯化钾（60％）6.5kg/亩，做底肥；施用硫酸锌（20％）1.5kg/亩，做基肥。

（3）加强病虫害防治。一般情况下，秸秆还田后病虫害有加重发生的趋势。尤其是蛴螬、蝼蛄等地下害虫。秸秆上的病原菌和玉米螟等虫卵，也会进入土壤中，增加越冬基数。因此，在将秸秆施入土壤之前，可用50％百菌清500倍加50％辛硫磷1 000倍液喷洒秸秆，以减少病原菌和虫卵残留量。

2. 第2年：种植玉米，实施玉米秸秆粉碎翻压还田

（1）秸秆翻压还田。技术操作与第1年相同，具体见上文。

（2）配方施肥。秋季进行取土化验，参照土壤化验数据，在施肥时，有针对性的调节氮磷钾比例及中微量元素肥料，补充调节土壤养分，实现平衡施肥。施用尿素（46％）20kg/亩，20％做底肥，80％在玉米7～9叶期作追肥；施用磷酸二铵（64％）12.5kg/亩，做底肥；施用氯化钾（60％）6kg/亩，做底肥；施用硫酸锌（20％）1.5kg/亩，做基肥。

（3）加强病虫害防治。操作技术与第1年相同，具体见上文。

3. 第3年：种植玉米，实施玉米秸秆粉碎翻压还田

（1）秸秆翻压还田。操作技术与第1年相同，具体见上文。

（2）配方施肥。秋季进行取土化验，参照土壤化验数据，在施肥时，有针对性的调节氮磷钾比例及中微量元素肥料，补充调节土壤养分，实现平衡施肥。施用尿素（46％）18.5kg/亩，20％做底肥，80％在玉米7～9叶期作追肥；施用磷酸二铵（64％）12.5kg/亩，做底肥；施用氯化钾（60％）5kg/亩，做底肥；施用硫酸锌（20％）1.5kg/亩，做基肥。

（3）加强病虫害防治。操作技术与第1年相同，具体见上文。

（四）效益分析

以3年为一个循环周期，3年连续种植玉米。

1. 投入成本

（1）机械整地成本。

常规：旋（耙）地—起垄，机械整地作业投入36.5元/亩，3年整地成本合计109.5元/亩。

此模式：灭茬—深翻—旋（耙）地—起垄，机械整地成本 90 元/亩，3 年整地成本合计 270 元/亩。

此模式与常规比较：每年新增整地成本 53.5/亩，3 年合计新增整地作业成本 160.5 元/亩。

（2）施肥成本。

常规：年施用化肥 42kg/亩，年施用化肥成本 110.3 元/亩，3 年合计施用化肥 126kg/亩，施用化肥成本 330.9 元/亩。

此模式：第 1 年，施用化肥 41.5kg/亩，施用化肥成本 107.05 元/亩。第 2 年，施用化肥 40kg/亩，施用化肥成本 102.45 元/亩。第 3 年，施用化肥 37.5kg/亩，施用化肥成本 96.1 元/亩。

3 年合计施用化肥 119kg/亩，施用化肥成本 305.6 元/亩。

此模式与常规比较：3 年合计减肥 7kg/亩，合计节支 25.3 元/亩（表 5-21）。

表 5-21　此模式与常规施用化肥成本对比

循环周期	肥料名称	化肥单价（元/kg）	常规		此模式		此模式与常规比较	
			施肥量（kg/亩）	化肥成本（元/亩）	施肥量（kg/亩）	化肥成本（元/亩）	施肥量（kg/亩）	化肥成本（元/亩）
第1年	尿素（46%）	2.1	18.5	38.85	20	42	1.5	3.15
	磷酸二铵（64%）	3	13.5	40.5	13.5	40.5	0	0
	氯化钾（60%）	3.2	8.5	27.2	6.5	20.8	-2	-6.4
	硫酸锌（20%）	2.5	1.5	3.75	1.5	3.75	0	0
	小计		42	110.3	41.5	107.05	-0.5	-3.25
第2年	尿素（46%）	2.1	18.5	38.85	20	42	1.5	3.15
	磷酸二铵（64%）	3	13.5	40.5	12.5	37.5	-1	-3
	氯化钾（60%）	3.2	8.5	27.2	6	19.2	-2.5	-8
	硫酸锌（20%）	2.5	1.5	3.75	1.5	3.75	0	0
	小计		42	110.3	40	102.45	-2	-7.85
第3年	尿素（46%）	2.1	18.5	38.85	18.5	38.85	0	0
	磷酸二铵（64%）	3	13.5	40.5	12.5	37.5	-1	-3
	氯化钾（60%）	3.2	8.5	27.2	5	16	-3.5	-11.2
	硫酸锌（20%）	2.5	1.5	3.75	1.5	3.75	0	0
	小计		42	110.3	37.5	96.1	-4.5	-14.2
第一个循环周期合计			126	330.9	119	305.6	-7	-25.3

2. 经济效益

常规：玉米年均单产 545kg/亩，年均产值 872 元/亩（玉米价格按照 1.6 元/kg 计算，下同），3 年合计产值 2 616 元/亩，3 年增收 2 175.6 元/亩（未扣除其他投入，下同）。

此模式：第 1 年，玉米单产 571.2kg/亩，第 2 年，玉米单产 588.1kg/亩，第 3 年，玉米单产 591.8kg/亩，3 年年均单产 583.7 元/亩，3 年年均产值 933.92 元/亩，3 年合计产值 2 801.76 元/亩，3 年合计增收 2 226.16 元/亩。

此模式与常规比较：年均增产 38.7kg/亩，年均增收 61.92 元/亩，年均减肥 2.3kg/亩，年均节支 8.43 元/亩，年均节本增收 70.35 元/亩，年均新增纯收益 16.85 元/亩，3 年合计新增纯收益 50.56 元/亩，合计减肥 7kg/亩，合计节支 25.3 元/亩。

3. 生态效益

秸秆全量粉碎翻压还田将秸秆的营养物质完全地保留在土壤里，能有效增加土壤有机质含量，改善土壤理化和生物性状，提高土壤肥力，减少病虫危害。同时避免了秸秆焚烧污染大气，随意垛放影响农村环境等问题。

4. 社会效益

实施玉米秸秆全量还田培肥地力，可有效促进化肥减量增效，推进农业可持续发展。同时秸秆直接粉碎翻压减少了搂、捆、运、垛等劳动环节，节约了成本。

二、宝清县米豆轮作养地增肥模式

（一）技术原理

玉米和大豆是最为理想的轮作"伙伴"，合理轮作、互相换茬可以互促增产。根瘤菌能与豆科植物共生形成根瘤，并将空气中的氮还原成氨供植物营养，大量减少化肥的使用量，改善农产品品质，有效提高农作物的产量。通过合理轮作，既可以综合防治病、虫、草害，又可以均衡利用土壤养分、合理调节土壤肥力。

推广以玉米秸秆粉碎翻压还田技术为核心，养分调控、米豆轮作、增施有机肥等多项技术配套实施的黑土地保护技术模式。

（二）适应范围

该技术适宜在土地平整、坡度≤5°的较缓坡耕地，同时，黑土层厚度在 30cm 以上、降雨量 500mm 以上，无障碍层的黑土耕地上实施。

（三）操作要点

1. 第 1 年，种植玉米实施秸秆翻压还田

（1）秸秆还田。

a. 秸秆粉碎。秋季，在玉米完成机械收获后，使用专用秸秆粉碎机对秸秆进行二次粉碎，使秸秆长度小于 10cm，覆盖于地表。

b. 施入尿素。玉米秸秆粉碎完成后，按照氮肥 4kg/亩的施用量，均匀地撒施于地表。

c. 秋季深翻作业。撒施尿素后，采用大马力拖拉机（≥200 马力）配套液压翻转犁进行深翻深混作业，翻耕深度应达到 30cm 以上，并将秸秆翻混至 0～30cm 土层。

d. 重耙作业。深翻作业完成后，依据土壤墒情，适时对深翻地块进行重耙作业。提倡秋季重耙作业两次再起垄，如果秋季土壤墒情条件不允许则在第 2 年春季 4 月中旬，土壤化冻深度达到 30cm 左右时，及时对深翻地块进行再次重耙，耙地作业根据土块大小来选择适宜的耙地机具，需要耙两遍地达到碎土效果，耙深达到 8～10cm，起垄同时进行镇压，使地块达到待播状态。

e. 起垄作业。重耙作业后，按照播种需要用专用起垄机起垄。

f. 镇压作业。起垄后，选用镇压器进行重镇压，使耕地达到待播状态。

g. 养分调控。秋季进行取土化验，参照土壤检测的数据，配方施肥。在施肥时，有针对性的施用中微量元素肥料，调节土壤养分，实现平衡施肥。施用尿素（46%）20kg/亩（20%做基肥，80%在 7～9 叶期作追肥）、磷酸二铵（64%）12.5kg/亩（基肥）、氯化钾（60%）6.5kg/亩（基肥），硫酸锌（20%）1.5kg/亩（基肥）。

h. 做好病虫害预防。多年来，蛴螬、地老虎、蝼蛄等地下害虫发生较少，没有造成过大面积危害，秸秆还田后要加强越冬病虫害和地下害虫预测，预防病虫害发生。

2. 第 2 年，种植大豆，实施养分调控技术

（1）合理轮作。实行玉米→大豆→玉米 3 年以上轮作方式，在前 1 年实施玉米秸秆全量粉碎翻埋（或碎混）还田技术的地块种植大豆，采用机械精量播种的方式进行播种作业。

（2）品种选择与播种。选择高产、抗逆、优质大豆品种，选用国家农药相关登记的大豆专用种衣剂进行种子包衣。播种时间每年春季 5 月 10—25 日，当土壤 5cm 处地温稳定通过 10℃为适宜播种期，采用垄三栽培技术精量播种机播种，播种密度为 25 万～30 万株/hm²。播种、覆土均匀，播后及时镇压，镇压后土层厚度 3～4cm。

（3）施肥。由于前茬种植玉米，施肥量较大，减少大豆施肥量。施用尿素（46％）1.35kg/亩，磷酸二铵（64％）6.5kg/亩、氯化钾（60％）2.6kg/亩。

（4）田间管理。

a. 化学除草。封闭除草：选择 90％乙草胺乳油的用量 120～133mL/亩，72％异丙甲草胺的用量 100～133mL/亩，75％噻吩磺隆 2g/亩。茎叶除草：在大豆苗后 2～3 叶期、杂草 2～4 片叶时，选择 35％异恶草松·氟磺胺草醚·精奎禾灵乳油，100～150mL/亩均匀喷施。

b. 中耕管理。中耕作业根据实际情况进行 2～3 次。苗期第一次中耕选用深松钩进行深松作业，深松深度要在 20cm 以上；分枝期进行第二次中耕，此次中耕作业要求犁铧带土量要大，尽量向根部培土；结荚期进行第三次中耕视情况而定。中耕前要调整好作业机械，做到不埋苗、不压苗、不伤苗、不端苗、不切根。

c. 叶面追肥。植株长势较弱时，在始花期，亩用尿素 0.4kg＋20mL 云大120＋农宝叶白金 20mL，兑水 30kg 叶面喷施；在始荚期，亩用尿素 0.5kg＋磷酸二氢钾 0.2kg，兑水 30kg 叶面喷施。

d. 主要病虫害防治。大豆食心虫，80％敌敌畏乳油 1 500～2 000 倍液制成毒棍 4 垄为一行，每 5m 抛一根熏蒸；幼虫防治可在成虫高峰期后 5～7d 内，用 20％氯氰乳油或 2.5％功夫乳油 2 000～4 000 倍液喷雾防治。草地螟发生达到每株 1 头时用菊酯类药剂喷雾，30mL/亩，兑水 45kg/亩均匀喷施。

（5）收获。叶片全部落净，豆粒归圆时进行机械收获，收获要求籽粒损失率≤3％、破碎率≤1％，割茬不留底荚。机械收获的同时直接将秸秆粉碎均匀抛撒地表。

（6）秋整地。机械收获后，采取重耙或旋耕后起垄作业，起垄后镇压达到待播状态。

（7）养分调控技术。秋季进行取土化验，参照土壤检测的数据，配方施肥，在施肥时，有针对性的施用中微量元素肥料，调节土壤养分，实现平衡施肥。

3. 第 3 年，种植玉米，实施玉米秸秆粉碎全量翻压还田

秸秆还田。

a. 秸秆粉碎。秋季在玉米完成机械收获后，使用秸秆粉碎机对秸秆进行二次粉碎，使秸秆长度＜10cm，覆盖于地表，如果机械收获后秸秆粉碎程度较好（＜10cm），不需要进行二次粉碎作业。

b. 秋季深翻作业。采用大马力拖拉机（≥200 马力）配套液压翻转犁进行深翻作业，翻耕深度应达到 30cm 以上，并将秸秆深翻至 20～30cm 土层，扣垡严密，不出现回垡现象，无堑沟，不重不漏，翻后地表平整。

c. 重耙作业。提倡秋季重耙作业两次再起垄，如果秋季土壤墒情条件不允许则在第 2 年春季 4 月中旬，土壤化冻深度达到 30cm 左右时，及时对深翻地块进行再次重耙，耙地作业根据土块大小来选择适宜的耙地机具，需要耙两遍地达到碎土效果，耙深达到 8～10cm，起垄同时进行镇压，使地块达到待播状态。

d. 养分调控技术。秋季进行取土化验，参照土壤检测的数据，测土配方施肥，在施肥时，有针对性的施用中微量元素肥料，调节土壤养分，实现平衡施肥。施用尿素（46％）18.5kg/亩（20％做基肥，80％在 7～9 叶期作追肥）、磷酸二铵（64％）11.5kg/亩（基肥）、氯化钾（60％）5kg/亩（基肥）、硫酸锌（20％）1.5kg/亩（基肥）。

e. 播种。春季土壤化冻 6～7cm 时进行镇压，耕层 5cm 温度稳定通过 10℃直接采用垄上双行播种机精量播种。播种时间一般在春季 5 月 1—10 日，基肥随播种深施。播种密度一般为每公顷 5 万～6.5 万株。

（四）效益分析

以 3 年为一个循环周期，第 1 年种植玉米，第 2 年种植大豆，第 3 年种植玉米。

1. 投入成本

（1）机械整地成本。

常规：第 1、第 3 年旋（耙）地-起垄，整地机械投入均为 36.5 元/亩；第 2 年旋地—起垄，整地机械投入 25 元/亩。3 年合计机械整地成本 98 元/亩。

此模式：第 1、第 3 年灭茬-深翻-旋（耙）地-起垄，整地机械投入均为 90 元/亩；第 2 年深松-旋地-起垄，整地机械投入 40 元/亩。3 年合计机械整地成本 220 元/亩。

此模式与常规比较：3 年合计新增机械整地成本 122 元/亩。

（2）施肥成本。

常规：3 年合计施用化肥 97.35kg/亩，施用化肥成本 260.14 元/亩。

此模式：第 1 年，施用化肥 41.5kg/亩，施用化肥成本 107.05 元/亩。第

2 年，施用化肥 10.45kg/亩，施用化肥成本 30.66 元/亩。第 3 年，施用化肥 36.5kg/亩，施用化肥成本 93.1 元/亩。

3 年合计施用化肥 88.45kg/亩，施用化肥成本 230.81 元/亩。

此模式与常规比较：3 年合计减肥 8.9kg/亩，合计节支 29.33 元/亩（表 5 - 22）。

表 5 - 22　此模式与常规施用化肥成本对比

循环周期	肥料名称	化肥单价（元/亩）	常规		此模式		此模式与常规比较	
			施肥量（kg/亩）	化肥成本（元/亩）	施肥量（kg/亩）	化肥成本（元/亩）	施肥量（kg/亩）	化肥成本（元/亩）
第1年（玉米）	尿素（46%）	2.1	18.5	38.85	20	42	1.5	3.15
	磷酸二铵（64%）	3	13.5	40.5	13.5	40.5	0	0
	氯化钾（60%）	3.2	8.5	27.2	6.5	20.8	-2	-6.4
	硫酸锌（20%）	2.5	1.5	3.75	1.5	3.75	0	0
	小计		42	110.3	41.5	107.05	-0.5	-3.25
第2年（大豆）	尿素（46%）	2.1	1.35	2.835	1.35	2.835	0	0
	磷酸二铵（64%）	3	8.5	25.5	6.5	19.5	-2	-6
	氯化钾（60%）	3.2	3.5	11.2	2.6	8.32	-0.9	-2.88
	小计		13.35	39.535	10.45	30.655	-2.9	-8.88
第3年（玉米）	尿素（46%）	2.1	18.5	38.85	18.5	38.85	0	0
	磷酸二铵（64%）	3	13.5	40.5	11.5	34.5	-2	-6
	氯化钾（60%）	3.2	8.5	27.2	5	16	-3.5	-11.2
	硫酸锌（20%）	2.5	1.5	3.75	1.5	3.75	0	0
	小计		42	110.3	36.5	93.1	-5.5	-17.2
第一个循环周期合计			97.35	260.135	88.45	230.805	-8.9	-29.33

2. 经济效益

常规：第 1 年，玉米单产 548kg/亩，第 2 年，大豆单产 138kg/亩，第 3 年，玉米单产 552kg/亩，3 年合计产值 2 215.4 元/亩（玉米单价按 1.6 元/kg、大豆按 3.3 元/kg 计算，下同），3 年合计增收 1 857.26 元/亩（未扣除其他投入，下同）。

此模式：第 1 年，玉米单产 575kg/亩，第 2 年，大豆单产 149kg/亩，第 3 年，玉米单产 598.5kg/亩，3 年合计产值 2 369.3 元/亩，3 年合计增收 1 918.49 元/亩。

此模式与常规比较：3 年合计增产粮食 84.5kg/亩，合计新增效益 61.23 元/亩，合计减肥 8.9kg/亩，合计节支 29.33 元/亩。

3. 社会效益

该模式的社会效益明显，在该模式实施过程中利用形式多样的宣传和技术培训让项目区农民群众对秸秆还田、深翻深松整地等的技术措施重要性有了更高的认识。通过大面积的试验示范和现场观摩，充分展示出黑土地保护的各项措施在农业生产中的实际效果，得到了农民的广泛认可，对保护黑土地有了更新的认识，拓展了农民的增收空间。

4. 生态效益

该模式的生态效益明显。秸秆资源化利用，黑土地的生态系统服务功能增强，地越耕越肥，黑土地得以永续利用，粮食安全、食品安全、生态安全、人类健康都有了保障。

第十五节　密山市黑土地保护利用技术模式

一、密山市白浆土耕地改良培肥技术模式

（一）技术原理

通过实施秸秆机械翻埋还田技术，打破白浆障碍层，加厚耕作层，同时将秸秆全量归还土壤，增加土壤有机质含量，改善土壤理化和生物性状，培肥地力。

（二）适用范围

适用于本县域降水相对充足、积温适宜的白浆土耕地。

（三）技术要点

实施以深松为基础，松、翻、耙相结合的土壤耕作制。耕翻深度 25～30cm，做到无漏耕、无立垡、无坷垃。翻后耙耢，按种植要求的垄距及时起垄或夹肥起垄镇压。

1. 第 1 年种植玉米，实施玉米秸秆翻埋还田技术

机械收获秸秆粉碎还田→秸秆翻埋→机械耙地→起垄整形→精密播种→封闭灭草。

（1）秸秆还田。

a. 秸秆粉碎。秋收时采用配带秸秆粉碎装置玉米联合收获机（无粉碎装置的需另用秸秆粉碎还田机）作业，玉米秸秆直接粉碎还田，留茬高度 10cm，秸秆粉碎长度以 5～8cm 撕裂状为宜，均匀抛撒地表。

b. 增施氮肥。秸秆翻埋前每亩增施尿素 3.5kg 调整碳氮比。

c. 秸秆翻埋。采用 160 马力以上有导航功能的拖拉机配套大型翻转犁进行翻耕作业，翻深 30cm，秸秆翻埋地下，扣垡严密，无回垡堑沟，不重不漏，地表平整。

d. 机械耙地。选择 160 马力以上拖拉机配备组合耙进行耙耢联合作业，重耙耙深耙透（耙深 16～18cm），轻耙耙碎耢平（耙深 8～10cm），耙地时与耕向垂直或有一个角度，作业两遍以上，不漏耙、不拖堆，整平耙细。

e. 起垄整形。采用具有自动导航功能的拖拉机配套起垄整形机、施肥器及镇压器进行夹肥起垄作业，垄宽 65cm，垄高 18～22cm，垄向笔直垄体饱满，起垄后及时镇压，达到待播状态。

（2）品种选择及种子处理。根据生态条件，选用通过国家或黑龙江省农作物品种审定委员会审定的优质、适应性及抗病虫性强的优良品种，直播栽培选择生育期活动积温比当地常年活动积温少 150～200℃品种。播前进行种子精选、晒种并进行发芽试验。进行催芽、药剂处理，干籽种播种：可选用药剂 2‰戊唑醇拌种剂，按种子量的 0.3％～0.4％拌种；催芽坐水播种的按种子量的 0.3％拌种。

（3）施肥。一般每公顷施用磷酸二铵 150～225kg、硫酸钾 60～90kg 结合整地做底肥或种肥施入（高淀粉生产硫酸钾施用应选上限）；每公顷施尿素 250～375kg，其中 75～90kg 做底肥或种肥。底肥深度 15～20cm，种肥施在距种子 5～6cm 的侧下方、深度 8～10cm。

玉米 7～9 叶期或拔节前进行，每公顷追施总氮肥量的 75％～80％（175～285kg/hm²）做追肥施入，追肥部位离植株 10～15cm，深度 8～10cm。

（4）播种。

a. 播期。5～10cm 耕层地温稳定通过 7～8℃时抢墒播种。4 月 25 日—5 月 5 日播种。

b. 种植方式。小垄密植栽培技术采用 65cm 或 70cm 标准垄直播；大垄通透密植栽培技术种植方式由原来传统的 65cm 或 70cm 垄作玉米，两垄变一垄，垄距为 130cm 或 140cm，垄上种双行，大行距 90cm 或 100cm，小行距 40cm，形成宽窄行栽培；比空栽培技术采取种 4 垄空 1 垄栽培模式或种 8 或 10 垄空两垄模式。

c. 播种方法。按种植密度等要求，采用机械精量播种。播种做到深浅一致，覆土均匀，直播的地块播种后及时镇压；坐水种的播后隔天镇压。镇压做到不漏压，不拖堆。镇压后覆土深度 3～4cm。

d. 种植密度。根据品种特性确定密度，标准垄直播栽培，密植品种保苗 7 万～7.5 万株/hm²；稀植品种保苗 5 万～6 万株/hm²。

e. 播种量。按种子发芽率、种植密度要求等确定播种量。一般每公顷播种 20～30kg。

（5）病虫草害防治。

a. 化学除草。田间除草采用人工除草与化学除草相结合的方法。苗前化学除草：选用乙草胺、异丙草胺、噻吩磺隆等药剂。苗后化学除草一般在玉米苗后 3～5 叶期，禾本科杂草 3 叶前，阔叶杂草 2～4 叶期施药。选用噻吩磺隆、硝磺草酮等药剂，以上药剂在施药时可加喷液量 0.5%～1% 的植物油型喷雾助剂。喷杆喷雾机作业时，喷液压力 3～4 个大气压、喷头高度距离杂草 50cm 左右、公顷喷液量 120～150L。

b. 铲前深松、及时铲趟。出苗后进行铲前深松或铲前趟一犁。没有使用化学除草药剂的，头遍铲趟后，每隔 10～12d 铲趟一次，做到三铲三趟；使用除草剂的趟二遍。

c. 虫害防治。

ⓐ黏虫。防治时期：6 月中下旬。防治指标：平均 100 株玉米有 50 头黏虫。可用菊酯类农药防治，公顷用量 300～450mL，兑水 300～450kg。

ⓑ玉米螟。防治指标：每百株卵超过 30 块，或百株活虫 80 头。可用高压汞灯防治成虫。时间为当地玉米螟成虫羽化初始日期，每日 21 时到次日 4 时开灯。小雨仍可开灯，中雨以上应关灯。封垛防治：4—5 月玉米螟醒蛰前，每立方米秸秆用 100g（含 50 亿～100 亿孢子/g）白僵菌粉剂，使用喷粉器打入垛内；在玉米心叶末期（5% 抽雄），公顷用 2.25～3kg 的 Bt 乳剂制成颗粒剂撒放。

（6）化学调控。在拔节期或抽雄前根据化控药剂特点适时进行化控处理。

2. 第 2、3 年均种植玉米，实施玉米秸秆翻埋还田技术。

种植管理技术与第 1 年相同，具体见上文。

（四）效益分析

1. 经济效益

模式第 1 年实施玉米秸秆翻埋还田，打破白浆障碍层，加厚耕作层，使生土混入耕层，耕层土壤肥力有所下降，需要增加施肥量，每亩增加化肥投入 5% 左右，每亩增加投入 7 元左右，产量持平；第 2 年化肥使用量与常规持平，模式比常规一般可增产 5%～6%，每亩增产玉米达 30kg，每亩增加效益 60 元

（玉米价格按 2 元/kg 计算）；第 3 年玉米一般增产 7%～8%，每亩玉米增产达 45kg，增加效益 90 元（玉米价格按 2 元/kg 计算），同时可减少 5%左右的化肥投入，每亩节本 7 元，每亩玉米节本增收 97 元。模式每年实施秸秆翻埋还田，增加作业成本 80 元/亩。

第一个循环周期，3 年合计增收 150 元/亩，扣除 3 年新增成本 240 元/亩，新增效益－90 元/亩。通过 3～4 个循环周期，白浆障碍层的负向效应将逐步消除，耕地生产能力也将大幅度提升，玉米增产将达到 10%～15%，年均增产 60～90kg/亩，年均增收 120～180 元/亩，农民年均增加效益将达到 60～100 元/亩，每年减少化肥投入 8%左右，年均节本 11 元/亩。

2. 生态效益

通过实施玉米翻埋还田打破白浆障碍层，加厚耕作层，促进白浆土改良培肥地力，改善土壤的理化和生物性状、增加耕层厚度、提高土壤蓄水保墒能力，减少肥水流失，同时将秸秆全量还田提高土壤有机质含量、提高土壤中氮磷钾含量，减少化肥使用量，减少过量使用化肥对环境的污染，减少了秸秆焚烧造成的环境污染，对保护生态环境具有积极意义。

3. 社会效益

实施黑土地保护秸秆翻埋还田是一项白浆土改良最有效的方法，可以改善白浆土"变瘦、变薄、变硬"问题，改善土壤的理化和生物性状，提高土壤通透性，提高土壤蓄水保墒能力，减少水土流失，增加耕层厚度，提高农作物产量，促进农业可持续发展。

二、密山市米豆轮作区培肥黑土地技术模式

（一）技术原理

实施米豆轮作，养地增肥；实施玉米秸秆翻埋还田，打破白浆障碍层，加厚耕作层，增加土壤库容，而且秸秆全量归还土壤，增加有机质和养分，初步培肥耕作层。

（二）适用范围

适用本县域降水相对充足、积温适宜的白浆土耕地。

（三）技术要点

第 1 年种植玉米，实施玉米秸秆翻埋还田技术。第 2 年种植大豆，实施米、豆轮作。第 3 年种植玉米，实施玉米秸秆深翻还田技术。

1. 第1年种植玉米，实施玉米秸秆翻埋还田技术

（1）秸秆翻埋还田。

a. 秸秆粉碎。秋收时采用配带秸秆粉碎装置玉米联合收获机（无粉碎装置的需另用秸秆粉碎还田机）作业，玉米秸秆直接粉碎还田，留茬高度10cm，秸秆粉碎长度以5～8cm撕裂状为宜，均匀抛撒地表。

b. 增施氮肥。秸秆翻埋前每亩增施尿素3.5kg调整碳氮比。

c. 秸秆翻埋。采用160马力以上有导航功能的拖拉机配套大型翻转犁进行翻耕作业，翻深30cm，秸秆翻埋地下，扣垡严密，无回垡堑沟，不重不漏，地表平整。

d. 机械耙地。选择160马力以上拖拉机配备组合耙进行耙耢联合作业，重耙耙深耙透（耙深16～18cm），轻耙耙碎耢平（耙深8～10cm），耙地时与耕向垂直或有一个角度，作业两遍以上，不漏耙、不拖堆，整平耙细。

e. 起垄整形。采用具有自动导航功能的拖拉机配套起垄整形机、施肥器及镇压器进行夹肥起垄作业，垄宽65cm，垄高18～22cm，垄向笔直垄体饱满，起垄后及时镇压，达到待播状态。

（2）品种选择及种子处理。根据生态条件，选用通过国家或黑龙江省农作物品种审定委员会审定的优质、适应性及抗病虫性强的优良品种，直播栽培选择生育期活动积温比当地常年活动积温少150～200℃品种。播前进行种子精选、晒种并进行发芽试验。进行催芽、药剂处理，干籽种播种，可选用药剂2%戊唑醇拌种剂，按种子量的0.3%～0.4%拌种；催芽坐水播种的按种子量的0.3%拌种。

（3）施肥。一般每公顷施用磷酸二铵150～225kg、硫酸钾60～90kg结合整地做底肥或种肥施入（高淀粉生产硫酸钾施用应选上限）；每公顷施尿素250～375kg，其中75～90kg做底肥或种肥，另175～285kg做追肥施入。底肥深度15～20cm，种肥施在距种子5～6cm的侧下方，深度8～10cm。

（4）播种。

a. 播期。5～10cm耕层地温稳定通过7～8℃时抢墒播种。4月25日—5月5日播种。

b. 种植方式。小垄密植栽培技术采用65cm或70cm标准垄直播。

c. 播种方法。按种植密度等要求，采用机械精量播种。播种做到深浅一致，覆土均匀，直播的地块播种后及时镇压；镇压做到不漏压，不拖堆。镇压后覆土深度 3~4cm。

d. 种植密度。根据品种特性确定密度，标准垄直播栽培，密植品种公顷保苗 7 万~7.5 万株；稀植品种公顷保苗 5 万~6 万株。

e. 播种量。按种子发芽率、种植密度要求等确定播种量。一般每公顷播种 20~30kg。

（5）田间管理。

a. 化学除草。田间除草采用人工除草与化学除草相结合的方法。苗前化学除草：选用乙草胺、异丙草胺、噻吩磺隆等药剂。苗后化学除草一般在玉米苗后 3~5 叶期，禾本科杂草 3 叶前，阔叶杂草 2~4 叶期施药。选用噻吩磺隆、硝磺草酮等药剂，以上药剂在施药时可加喷液量 0.5%~1%的植物油型喷雾助剂。喷杆喷雾机作业时，喷液压力 3~4 个大气压、喷头高度距离杂草 50cm 左右、公顷喷液量 120~150L。

b. 铲前深松、及时铲趟。出苗后进行铲前深松或铲前趟一犁。没有使用化学除草药剂的，头遍铲趟后，每隔 10~12d 铲趟一次，做到三铲三趟；使用除草剂的趟二遍。

c. 虫害防治。

ⓐ黏虫。防治时期：6 月中下旬。防治指标：平均 100 株玉米有 50 头黏虫。可用菊酯类农药防治，公顷用量 300~450mL，兑水 300~450kg。

ⓑ玉米螟。防治指标：每百株卵超过 30 块，或百株活虫 80 头。可用高压汞灯防治成虫。时间为当地玉米螟成虫羽化初始日期，每日 21 时到次日 4 时开灯。小雨仍可开灯，中雨以上应关灯。封垛防治：4—5 月玉米螟醒蛰前，每立方米秸秆用 100g（含 50 亿~100 亿孢子/g）白僵菌粉剂，使用喷粉器打入垛内；在玉米心叶末期（5%抽雄），公顷用 2.25~3kg 的 Bt 乳剂制成颗粒剂撒放。

d. 追肥。玉米 7~9 叶期或拔节前进行，每公顷追施总氮肥量的 75%~80%，追肥部位离植株 10~15cm，深度 8~10cm。

e. 采取化学调控。在拔节期或抽雄前根据化控药剂特点适时进行化控处理。

2. 第 2 年种植大豆，实施米豆轮作

（1）种子及其处理。

a. 品种选择。选择经过黑龙江省农作物品种审定委员会审定通过的优质高产、熟期适宜、喜肥水、抗逆性强的品种或专用品种。

b. 种子精选、处理。种子播前进行精选，使种子纯度、净度不低于98%，发芽率不低于90%，含水量不高于12%。

ⓐ种子包衣。播种前用35%多克福大豆种衣剂包衣。防治大豆根腐病可用2.5%的适乐时悬浮剂拌种，大豆根潜叶蝇、蛴螬等地下害虫可用50%的辛硫磷拌种，阴干后即可播种。

ⓑ微肥拌种。亩产200～250kg地块可选用钼酸铵、硼钼微复肥等进行拌种，应用大豆根瘤菌拌种，以提高大豆出苗率和固氮能力，阴干后可进行种子包衣。

（2）施肥。

a. 施肥原则。采用测土配方平衡施肥，可根据测土结果因地制宜确定施肥量。因前茬作物为玉米可减少化肥施用量10%～20%。

b. 施肥量。底肥，每亩施用尿素3.5kg，磷酸二铵9～11kg，硫酸钾3.3～5kg；追肥大豆盛花期每亩用尿素0.3～0.5kg加磷酸二氢钾0.2kg、硼肥0.02kg叶面喷施。

c. 施肥方式。在播种的同时施入种肥，种肥要做到分层侧深施，一般分上下二层施肥，上层施在种下5～6cm处，切忌种肥同位，以免烧种，施肥量占总施肥量的1/3；下层施在种下12～14cm处，肥量占总施肥量的2/3。

（3）播种。

a. 播期。当地温稳定通过7～8℃时开始播种，在5月5—15日。

b. 播法。机械垄上双行等距精量播种，选择气吸式播种机或2BT-2型播种机，行距65～70cm。

c. 播种量。根据品种特性、肥水条件及栽培方式而定。

d. 播种质量。播种均匀无断条，20cm内无籽为断条，每5m断条不超过一处。机械垄上播种时应对准垄顶中心，偏差为±3cm。

（4）田间管理。

a. 中耕。当大豆拱土时，进行铲前深松。出苗后及时铲趟，做到两铲三趟，铲趟伤苗率小于3%。后期拔净大草。

b. 促控结合。大豆前期长势较弱时，在大豆初花期每公顷用尿素10kg加磷酸二氢钾1.5～2.5kg溶于500kg水中喷施，并根据需要加入硼钼等微量元素肥料。大豆植株生长旺盛，在初花期选用多效唑、三碘苯甲酸等化控剂进行调控，控制大豆徒长，防止后期倒伏。

c. 化学除草。

①苗前化学除草。土壤墒情好、整地精细的地区可选用苗前化学除草。选用药剂有异丙草胺、异丙甲草胺、精异丙甲草胺、丙炔氟草胺、异噁草松、噻吩磺隆等,以上药剂在施药时可加喷液量 0.5%～1%的植物油型助剂。喷杆喷雾机作业时,喷液压力 3 个大气压、喷头高度距垄台 50cm、喷液量 13.3L/亩,均匀喷雾于土壤表面。

②苗后化学除草。禾本科杂草 3～5 叶期,阔叶杂草 2～4 叶期施药。选用药剂有精喹禾灵、高效氟吡甲禾灵、精吡氟禾草灵、烯禾啶与氟磺胺草醚、灭草松等,以上药剂在施药时可加喷液 0.5%～1%的植物油型助剂。喷杆喷雾机作业时,喷液压力 4～5 个大气压、喷头高度距杂草 50cm 左右、喷液量 10.67L/亩,均匀喷到杂草上。

d. 病虫害综合防治。

②蚜虫。点片发生并有 5%～10%的植株卷叶或有蚜株率达到 50%时,百株蚜量达 1 500 头以上,天敌数量较少时,每公顷用 10%的吡虫啉 1 500g 兑水 450～500kg 喷雾。

⑥大豆食心虫。当上 1 年的虫食率达到 5%以上时达到防治指标,每公顷用 80%敌敌畏乳油 1 500～2 000mL 制成毒棍,每 4 垄插一行,每 5m 插一根,或用菊酯类的农药常规喷雾。

©大豆菌核病。7 月初每公顷用 25%施保克 1 500mL 或 40%菌核净 1 050g 于发病初期喷一次,隔 7～10d 再喷一次。

3. 第 3 年种植玉米,实施玉米秸秆翻埋还田技术

同 1 (1)～1 (5),减少氮肥施用量。

(四) 效益分析

1. 经济效益

模式第 1 年实施玉米秸秆翻埋还田,打破白浆障碍层,加厚耕作层,使生土混入耕层,耕层土壤肥力有所下降,需要增加施肥量,每亩增加化肥投入 5%左右,每亩增加投入 7 元左右,产量持平;第 2 年大豆可增产 5%～6%,平均增产大豆 8kg/亩,增收 43.2 元/亩(大豆价格按 5.4 元/kg 计算),同时可减少 10%～20%的化肥投入,节约化肥投入成本 10 元/亩,节本增收 53.2 元/亩;第 3 年玉米一般增产 7%～8%,平均增产玉米 45kg/亩,增收 90 元/亩,同时可减少 5%左右的化肥投入,节本 7 元/亩,节本增收 97 元/亩。

第一个循环周期，每年新增玉米秸秆翻埋还田机械作业成本 80 元/亩，2年合计 160 元/亩，3 年增收合计 133.2 元/亩左右，3 年新增效益－26.8 元/亩，节支 10 元/亩。

通过 3～4 个循环周期，白浆土将得到改良，粮食生产能力进一步提升。玉米增产将达到 10%～15%，年均增产玉米 60～90kg/亩，年均增收 120～180 元/亩；大豆增产 10% 以上，增产 16kg/亩以上，增收 86.4 元/亩。农民年均增加效益将达到 206.4～266.4 元/亩，年均减肥节本 3.3 元/亩。

2. 生态效益

第一，实施黑土地保护可以改善土壤的物理性状、增加黑土耕层厚度、提高土壤有机质含量、培肥地力，并减少病虫危害。第二，实施米豆轮作可提高肥效利用率，第 2 年种植大豆可以减少化肥施用量 10%～20%，同时通过大豆固氮作用提高土壤有效氮含量，减少第 3 年玉米种植氮肥施用量，减少化肥投入。第三，减少了秸秆焚烧造成的环境污染，对环境保护具有明显作用。

3. 社会效益

改善农村环境，增加农民收入，提高农业的综合效益，促进农业的可持续发展。

三、密山市水田秸秆翻埋还田黑土保护技术模式

（一）技术原理

实施水田秸秆翻埋还田技术将秸秆就地粉碎，均匀抛撒在地表，随即翻埋入土，使之腐烂分解，有利于把秸秆的营养物质完全地保留在土壤里，增加土壤有机质含量、培肥地力、改良土壤结构，并减少病虫危害。

（二）适用范围

适用于水稻种植区域。

（三）技术要点

1. 水稻秸秆翻埋还田

（1）秸秆粉碎。秋收时采用配备秸秆切碎抛撒装置的水稻联合收割机作业，秸秆粉碎并均匀抛撒还田，秸秆粉碎长度以 5～8cm 为宜。

（2）秸秆翻埋。采用水田拖拉机配套 5～7 铧水田犁进行翻埋作业，耕翻深度达到 20～25cm，翻垡均匀严密，不重不漏。翻耕作业时宜采用双向梭形作业，减少开闭垄。在翻地前，每亩应用腐熟剂 1.5kg。

（3）搅浆平地。根据秧龄及移栽时间，放水泡田 3～5d，用水田拖拉机配备搅浆平地机（配套滑切刀齿）进行搅浆整地，作业深度 16～18cm，以 2 遍为宜，作业时水深控制在 1～3cm 花达水状态，作业后表面不露残茬，稻茬秸秆埋压入泥面 5cm 以下，稻田表面平整呈泥浆状，沉淀 5～7d 后达到待插状态。

2. 旱育壮秧

（1）建育秧大棚。建造南北走向，高 2.2～2.5m、宽 6～8m、长度根据所需秧田面积确定的育秧大棚。本田育秧要建高出地面 50cm 以上的高台集中秧田，确保旱育，本田距离近，可在庭院建棚育秧。

（2）选种。要选用审定推广的优质、超高产、耐肥、抗病强及分蘖力中上等的偏穗重型中早熟品种。

（3）播种。扣棚从 3 月 10 日开始，增温解冻。为提高保温效果，还可加盖草帘、棉被，采用三层膜覆盖，增加保温效果。在 4 月 5～15 日播种。播种前要全面进行种子处理，智能催芽播种。毯状钵体盘育苗每穴播芽种 4～6 粒，机插秧每盘播芽种 100～125g。

（4）秧田管理。播种到出苗以密封保温为主，苗出齐后撤下地膜。秧苗一叶一心期温度控制在 25℃左右；两叶一心期温度控制在 20～25℃；三叶一心期温度控制在 20℃。水分管理应缺水补水，特别是 2.5 叶以后的水分管理，应注意浇水。秧苗一叶一心期开始通风炼苗。预防青、立枯病。插秧前 3～5d 可以昼夜通风或撤下棚膜。

3. 本田施肥

（1）底肥。化肥一般为每公顷磷酸二铵 100～125kg，硫酸钾 100～125kg，尿素 180～225kg，30～50kg 硅肥（纯硅）。氮肥 25%、全部磷、硅肥、50%钾肥作底肥，在耙地前施入，其余氮肥的 65%作蘖肥、35%作穗肥施入，其余的钾肥作穗肥施入。

（2）追肥。

a. 蘖肥。分蘖肥分两次施入。第一次分蘖肥在返青后立即施用蘖肥总量的 50%，最晚不超过 6 叶期，促进分蘖早生快发，利用低位分蘖；当水稻第七叶末到第八叶露尖时，用其余蘖肥作调节肥施用，也就是第二次蘖肥。

b. 穗肥。进入 10 叶期，幼穗开始分化，开始施用穗肥。穗肥分两次施用。第一次在倒三叶刚刚露尖时施穗肥总量的 60%，促进穗、枝梗、一次颖花数分化，增加一次枝梗数，争取大穗；第二次在剑叶（倒 1 叶）露尖时施用其余穗肥。

4. 合理稀植

当气温稳定通过 13℃时，进行机械插秧。插秧集中在 5 月 10—25 日水稻高产期内插秧完毕。

插秧密度：插秧规格以 9×4 或 9×5 为宜，每穴插 4～5 株基本苗。确保平方米收获穗数达到 500～600 穗，每穗粒数 85～105 粒。机插秧较稀植栽培密度增加 20%，平方米收获穗数不低于 550 穗，85～100 粒/穗。

5. 节水灌溉

灌溉采取浅、湿、干节水灌溉技术，井灌区要设晒水池，并适当延长渠道，尽可能提高水温。插秧时田内保持花达水，插后水层要保持苗高的 2/3（以不淹没秧心为准），扶苗返青。返青后，水层保持 3～5cm 增温促蘖。10 叶期后，采用干干湿湿的湿润灌溉法，增加土壤的供氧量，促进根系下扎，到抽穗前 40d 为止。

当田间茎数达到计划茎数的 80% 时，要对长势过旺、较早出现郁闭、叶黑、叶下披、不出现拔节黄的地块，撤水晒田 7～10d，相反则不晒，改为深水淹。晒田程度为田面发白、地面龟裂、田面见白根、叶色褪淡挺直，控上促下，促进壮秆。

水稻减数分裂期当预报有 17℃以下低温时，灌 15～20cm 深水层，护胎。除此之外，要采取干干湿湿以湿为主的间歇灌溉，养根保叶，活杆成熟。每次灌水 3～5cm，自然落干后再灌水。黄熟期停水。

6. 除草防病

（1）除草。人工除草要在 7 月初完成，抽穗后除净田间稗草及池埂草。化学除草推广应用苯噻草胺、马歇特或阿罗津＋草克星、农得时、威农、醚磺隆、乙氧磺隆等配方。对于插秧时缺水地区推广应用苯噻草胺或阿罗津摆插前摆插后两次用药技术，对于以三棱草为害为主地块采取农得时、威农、草克星插前插后两次用药的方法。也可应用禾大壮＋农得时等，插后 5～7d，秧苗返青后施药。

（2）防治稻瘟病。稻瘟病要加强预测预报，以预防为主，防治发病中心。于 7 月中旬到 8 月初间隔 7～10d 两次喷药预防，药剂以枯草芽孢杆菌、咪鲜胺、稻瘟灵（富士一号）等常用药剂为主。

（四）效益分析

1. 经济效益

实施水稻秸秆翻埋还田，需要在收获时增加抛撒器，每亩增加收获成本

10 元，水稻秸秆翻埋每亩增加成本 35 元，搅浆整地减少 15 元。合计每亩增加成本 30 元。每亩水稻增产 16.1kg，每公斤水稻按 2.6 元计算，每亩增加效益 41.86 元，扣除增加成本每亩增收 11.86 元。

2. 生态效益

实施水稻秸秆还田可以增加有机质和养分含量，提高土壤肥力，减少化肥施用量，同时杜绝秸秆焚烧，保护生态环境。田间管理采取间歇灌溉技术，可有效减少灌溉用水量 10%，减少对地表水和地下水的消耗。

3. 社会效益

实施水稻秸秆翻埋还田可以提升黑土耕地质量，提高耕地生产能力和农业综合效益，促进农业可持续发展。

第十六节　宝泉岭农场黑土地保护利用技术模式

一、宝泉岭农场暗棕壤区玉米连作黑土地培肥技术模式

（一）技术原理

一是采用秸秆全量还田、堆沤有机肥还田保证有机物料投入，提升土壤有机质；二是通过机械深翻，改善土壤理化性状，提升耕地蓄水保墒能力。

（二）适用范围

农场第三积温带玉米种植优势区，土地连片，坡度小于 6°，南部砾砂质暗棕壤区，2 年以上玉米连作；同时也适应东北土壤类同、气候条件相近的、连续种植玉米的地区。

（三）操作要点

秋季玉米收获后进一步粉碎秸秆，利用大马力拖拉机配套五铧犁将秸秆深翻至 0～30cm 土层，耙平起垄，第 2 年春季适时早播，提早中耕放寒。畜禽养殖发达、种养结合紧密的区域，第 3 年可配合秸秆还田施入一次无害化堆沤有机肥，每亩施用 1.5m³ 以上（可选项）。

1. 秸秆粉碎

玉米秸秆留茬高度低于 8cm，玉米秸秆二次粉碎后长度小于 5cm，不能造成翻地拖堆。

2. 堆沤有机肥还田（可选项）

选在畜禽养殖场或养殖大户附近，堆制有机肥可降低成本。堆制好的有机肥经检验合格后，方可施用。秋季每亩施用 3.0m³ 以上，同秸秆一起翻埋至 0～

30cm 土壤中。第 1 年施用较好。

3. 秋翻地

（1）翻地要打横头埝，保证翻深一致，机车转弯方便，提高机车作业效率，减少压地次数，减少地头板结。

（2）翻深 25cm 以上，耕深一致，耕深误差不超过±1cm，翻后地头整齐，百米误差不超过 20cm。

（3）扣垡和埋茬严密，不出现回垡现象，地表平整，不拖堆，不漏茬。

（4）耕埝直，百米内直线误差不超过 20cm。

（5）作业机具选择：拖拉机选择 200 马力以上，配套 5 铧（每铧耕幅45cm）液压翻转犁。翻转犁翻地作业行走落线示意图见图 5-12。

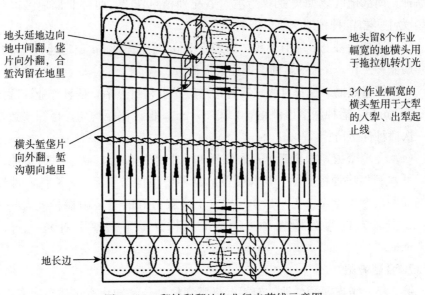

地头延地边向地中间翻，垡片向外翻，合埝沟留在地里

地头留8个作业幅宽的地横头用于拖拉机转灯光

3个作业幅宽的横头埝用于大犁的入犁、出犁起止线

横头埝垡片向外翻，埝沟朝向地里

地长边

图 5-12　翻转犁翻地作业行走落线示意图

4. 耙地

（1）耙地要合理区划，严禁湿耙，作业时以不粘耙不出土块为准。不同条件的区域，选择不同耙法，但要与耕向垂直或有一个角度，以保证作业质量。耙两遍时采用对角耙，到头到边，宁重不漏，平整细碎，不拖堆，地表平整。

（2）耙地后要求地表平整，其 10cm 内高低差不超过 10cm，土壤细碎，耙层表土疏松，每平方米内 5cm 直径土块不超 5 块。

（3）耙深。偏置耙应达到 10～12cm，轻型耙 8～10cm，中型耙 12～

15cm，重型耙 16～20cm，耙深误差不超过 1cm。

5. 秋起大垄

（1）统一大垄的垄距，秋起大垄的垄距为 136cm，每行垄距要一致，误差不超过±1cm，往复结合垄距误差不超过 3cm。此大垄第 2 年春季具有增温快、保墒效果好的特点，适合半干旱和冷凉地区。

（2）起垄必须使用 GPS 导航，千米弯曲度不超过 2.5cm。

（3）要起高台垄，垄台高度达到 18cm 以上，垄台面宽 90cm 以上，不拖堆，垄体饱满，垄面整齐平整，不出现凹形垄。

6. 适时早播

（1）精选良种。精选熟期适宜、耐低温、优质高产、抗逆性强的耐密型玉米品种，南部地区以德美亚 3 为主，搭配种植垦沃 3，西部北部地区以先玉 1219 为主，搭配种植迪卡 A6565。

（2）适期播种。4 月中下旬，当地下 5cm 温度连续 5d 稳定通过 5℃时适时开展播种工作，5 月 5 日前全面完成播种。

（3）精量点播。选择气吸式播种机进行垄上精量点播，播种作业速度控制在 6～7km/h，播种深度控制在（3±0.5）cm，保证株距均匀，播深一致，实现一次播种保全苗。

（4）合理密植。根据玉米品种特性和水肥条件确定，高水肥地块种植宜密，低水肥地块种植宜稀，植株繁茂的品种公顷保苗 7 万～8 万株，株型收敛的品种公顷保苗 7.5 万～8.5 万株。土壤肥力好的每公顷播种 8 万～9 万株，肥力较差的每公顷播种 6 万～7 万株。每条大垄上种植 2 行，行距 68cm。

7. 合理施肥

第 1 年，考虑深翻整地、施用有机肥和秸秆分解转化有机质等因素影响，在测土配方施肥建议用量的基础上减少化肥用量 5%，可实现当年不减产。第 2、3 年，考虑秸秆分解转化有机质影响，在测土配方施肥建议用量的基础上减少化肥用量 5%，可实现化肥减量增效。

8. 提早中耕放寒

（1）针对宝泉岭地区春季气温较低、旱田作物播期早、播种后生长缓慢的实际情况，在原有中耕机上加装缺口圆盘切草刀和护苗器，5 月初开始第一遍深松放寒作业。实践表明，通过对原有中耕机进行改装，有效解决了因秸秆全量还田而出现的耕层中秸秆量大导致埋苗、伤苗，最终影响玉米产量的问题。

提早深松放寒作业促苗早发效果明显，与同期播种未进行中耕对比可提高地温3～5℃。

（2）玉米播后苗前至大喇叭口期要进行2～3次中耕作业，作业深度逐渐加深，第一遍中耕作业垄台深度不低于20cm，垄沟深度不低于25cm，最后一遍中耕作业垄台深度不低于30cm，垄沟深度不低于35cm。

（3）中耕时不除苗，不埋苗，埋苗率不超过1％，伤苗率不超过3％。

9. 化学除草

以播后苗前土壤处理为主，苗后茎叶处理为辅。选用广谱性、低毒、残效期短、效果好的除草剂。土壤处理一般用乙草胺＋莠去津，茎叶处理一般用烟嘧磺隆或硝磺草酮＋莠去津。

10. 飞机航化

玉米大喇叭口期至抽雄期利用飞机航化作业进行病虫害统防统治和促早熟，提高农药、微肥利用率，提升作业效率和防治效果。

11. 适时早收

9月中下旬，玉米达到完熟期，籽粒水分降至30％左右时，进行机械直收，田间收获综合损失率控制在5％以下。早播促进早收，10月15日前玉米收获工作可全面完成，为秋整地留有充足时间，可保证实现100％秸秆翻埋还田，100％实现秋起大垄，为第2年农业生产工作争取先机，促进全年农业生产工作进入良性循环过程。

（四）效益分析

1. 投入成本

以3年为一个循环周期，实施玉米秸秆全量翻埋还田每年每亩新增机械作业成本80元，3年合计240元。

3年玉米秸秆全量翻埋还田中施入一次有机肥，每亩增加投入200元，两项技术3年每亩共计增加投入440元。

2. 增产增收

第1年秸秆全量还田，同时抛撒有机肥1.5m³/亩，当年可增产5％左右，以常规产量650kg/亩计，以玉米水分30％计算产量（下同），增产玉米32.5kg/亩，玉米价格按1.2元/kg计算（下同），增收39元/亩，化肥减量5％，可节本5元/亩，共节本增收44元/亩。

第2年秸秆全量还田，增产幅度可达10％左右，增产玉米65kg/亩，增收78元/亩，化肥减量5％，可节本5元/亩，共节本增收83元/亩。

第 3 年秸秆全量还田，增产幅度可达 15％左右，增产玉米 97.5kg/亩，增收 117 元/亩，化肥减量 5％，可节本 5 元/亩，共节本增收 122 元/亩。

3 年合计节本增收 249 元/亩。

3. 经济效益

3 年一个周期内，模式增加投入成本 440 元/亩，增加收入 249 元/亩，综合计算亏损 191 元/亩。

若经过 2～3 个循环周期建设，耕地质量提高，生态环境改善，农产品产量和品质逐年提高，不仅实现"藏粮于地"，经济效益也会逐年增加。增产玉米可达 20％左右，3 年一个循环周期共增产玉米 390kg/亩，增收 468 元/亩，减少化肥达到 10％以上，可减少化肥投入 30 元/亩，共计节本增收 498 元/亩，一个周期内可增加经济效益 58 元/亩。比第一个周期增加经济效益 249 元/亩。因此在模式开始实施阶段，需政府提供适当的补贴或由有实力的社会化经营主体实施，在第 2 到 3 个循环周期以后可持续盈利，良性循环。

4. 生态效益

一是可以改善土壤的理化和生物性状，提高土壤有机质含量，增加耕层厚度，创建肥沃耕层。二是可以有效提升畜禽废弃物资源化利用率，实现无害化处理，减少环境污染。三是减少了秸秆焚烧、无序堆放等现象，对环境保护具有明显作用。

5. 社会效益

一是实现农场旱田秸秆全量还田目标的同时达到培肥地力保护黑土地的效果，有效促进了化肥减量增效，为推动绿色食品发展创造了有利条件。二是通过项目实施，增加职工收入，提高农业的综合效益，促进农业的可持续发展。

二、宝泉岭农场米豆轮作黑土地保护利用技术模式

（一）技术原理

一是通过开展以大豆为中轴作物的轮作模式，发挥大豆固氮作用，均衡利用土壤养分，减少连作偏耗。二是采用秸秆全量还田保证有机物料投入，提升土壤有机质。三是深翻、深松相结合，改善土壤物理性状，提升耕地蓄水保墒能力。

（二）适用范围

农场西部、北部低山丘陵区，年有效积温＜2 300℃，土壤质地较黏重的白浆土、草甸土区。同时也适应东北土壤类型相同、气候条件相近的、米豆轮

作的地区。

（三）操作要点

以大豆为中轴作物，建立米豆、米米豆为主的合理轮作制度。当季种植玉米，采用秸秆粉碎全量翻埋还田，利用大马力拖拉机配套五铧犁将秸秆翻入 0～30cm 土层中。当季种植大豆，采用深松整地，秋季大豆收获时直接将秸秆粉碎均匀抛撒地表，水分适宜时采用大马力拖拉机配套深松犁进行深松作业，作业深度达到 35cm。

1. 第 1 年种植玉米，实施玉米秸秆全量翻埋还田

操作要点同宝泉岭农场暗棕壤区玉米连作黑土地培肥技术模式，具体见上文。

2. 第 2 年种植大豆，采用深松整地

（1）深松。采用 200 马力以上拖拉机配套薄壁弯刀犁进行作业，作业深度 35cm 以上，松到地头、地边、地角不落格，往复耕线百米误差不超过 15cm，耕幅一致。

（2）耙地。同宝泉岭农场暗棕壤区玉米连作黑土地培肥技术模式，具体见上文。

（3）秋起大垄。同宝泉岭农场暗棕壤区玉米连作黑土地培肥技术模式，具体见上文。

（4）精选优良品种及种子处理。选择秆强、抗倒伏、增产潜力大的矮秆、半矮秆品种。目前，生产上应用较适宜的品种如：黑河 52 号、垦豆 25 号等。土壤有效钼<0.5g/kg 时用钼酸铵 50g 溶于 0.81kg 水中，喷在 50kg 种子上，拌匀，阴干后播种。地力条件较差或土壤黏重的地区可进行根瘤菌拌种，根瘤菌剂拌种每 37kg 种子用量 110mL（每毫升含有效活菌数≥40 亿），菌剂量造粒后随大豆种子、肥料施用时公顷用量 15～30kg。

（5）合理施肥。播种同时采用分层深施肥技术。土壤肥沃地区氮磷钾比例 1∶1.5∶（0.8～1），目标产量 3 000kg/hm²，施肥 195kg/hm²；相对瘠薄地区氮磷钾比例 1∶1.2∶（0.8～1），目标产量 3 000kg/hm²，施肥 225kg/hm²。

依据田间长势，进行花期喷施叶面肥。一般在大豆盛花期、结荚期进行。如喷一次以始花期为宜，若喷二次以始花期和结花期各喷一次为宜。主要肥料有尿素、磷酸二氢钾、硫酸钾和钼酸铵等，微肥有硫酸锌、硫酸锰、硼酸或硼砂。米醋可调节作物体内养分平衡，提高作物体内磷、钾的比例，增加氮素含量，有促熟、增加对农药和其他肥料吸收作用，一般在叶面喷肥时，可加入米醋。

（6）适时播种。为防止春旱对大豆出苗造成威胁，可适时早播，地温稳定通过 7～8℃开始播种，可以上网查阅天气在线，如果预报当地气温连续 3～5d 内稳定在 7℃以上即可播种，播期 4 月 28 日至 5 月 10 日。在 136cm 大垄的台上，播种 4 行，每行均为单条精量点播。行距为 20cm～28cm～20cm 或 12cm～56cm～12cm。

（7）化学除草。土壤墒情好，播前未施用除草剂的地块，可采取土壤封闭处理灭草。春季干旱，土壤墒情差，提倡苗后除草。化学灭草应以播后苗前土壤处理为主，苗后茎叶处理为辅。土壤处理一般在播后 3～7d 内施药，施药前要对垄体进行镇压，要选择晴朗无风的天气进行，中午高温不宜喷药。可选用的安全性好的除草剂有都尔、金都尔、禾耐斯（90％乙草胺）、广灭灵、赛克（嗪草酮）、普施特、异丙草胺等。苗后除草剂可选用精稳杀得、拿扑净（草惧、烯禾啶）、精禾草克（盖冒、丰山盖草灵、精喹禾灵）等。

（8）田间管理。大豆生育期间根据实际情况中耕 2～3 遍（除草效果好的可以 2 遍）。第一遍在大豆刚拱土到苗出齐后，用杆齿进行垄沟深松，深度 20～25cm。第二遍在苗高 10cm 时进行，起垄培土，垄沟留"活土"。

大豆生育期间，及时铲耥。由于前期铲耥不净的杂草仍然会出现，而且气温高、湿度大、生长发育快，因此，必须在草籽形成前，及时拿大草。

（9）飞机航化。大豆初花期至结荚鼓粒期利用飞机航化作业进行病虫害统防统治和促早熟，提高农药、微肥利用率，提升作业效率和防治效果。

（10）收获。叶片全部落净，大豆摇铃时进行，一般在 9 月底至 10 月上旬进行。机械联合收割割茬高度以下以不留底荚为准，综合损失率小于 3％，收割损失率小于 1％，脱粒损失率小于 2％，破碎率小于 5％，泥花脸豆率小于 5％，清洁率大于 95％。

3. 第 3 年种植玉米，采用秸秆全量翻埋还田

操作要点同第 1 年。

（四）效益分析

1. 经济效益

（1）投入成本。以 3 年为一个循环周期，实施秸秆全量翻埋还田每年每亩新增机械作业成本 80 元，实施 2 年合计 160 元，深松整地每亩每年增加 60 元，两项技术 3 年每亩共计增加投入 220 元。

（2）增产增收。第 1 年种植玉米，秸秆全量还田，常规施肥，增产效果不明显，忽略不计。

第 2 年种植大豆，进行深松整地，大豆增产 6% 左右，以常规产量 150kg/亩计算，增产大豆 9kg/亩，大豆价格以 3.4 元/kg 计算，增收 30.6 元/亩，减少化肥用量 5%，可节本 3 元/亩，共计节本增收 33.6 元/亩。

第 3 年种植玉米，秸秆全量还田，增产幅度可达 10% 左右，以常规产量 650kg/亩计，以玉米水分 30% 计算产量，增产玉米 65kg/亩，玉米价格按 1.2 元/kg 计算，增收 78 元/亩。减少化肥用量 5%，可节本 3 元/亩，共计节本增收 81 元/亩。

3 年合计节本增收 114.6 元/亩。

（3）经济效益。3 年一个周期内，模式增加投入成本 220 元/亩，增加收入 114.6 元/亩，综合计算损失 105.4 元/亩。

若经过 2～3 个循环周期建设，建立合理轮作模式，实现种养结合，不断提升耕地地力等级，同时增加经济效益。种植玉米时，可充分发挥大豆肥田养地效果，玉米增产可达 20% 左右，3 年一个循环周期内种植 2 年玉米共增产 260kg/亩，增收 312 元/亩，种植大豆时充分利用玉米茬残肥，大豆增产可达 15% 左右，3 年一个循环周期内种植 1 年大豆增产 22.5kg/亩，增收 76.5 元/亩。减少化肥达到 5%～7%，可减少化肥投入 12.6 元/亩，共计节本增收 401.1 元/亩，一个周期内可增加经济效益 181.1 元/亩，比第一个周期增加经济效益 286.5 元/亩。因此在模式开始实施阶段，需政府提供适当的补贴或由有实力的社会化经营主体实施。在第 2 到 3 个循环周期以后可持续盈利，良性循环。

2. 生态效益

一是可以改善土壤的理化和生物性状，提高土壤有机质含量，增加耕层厚度，创建肥沃耕层。二是减少了秸秆焚烧、无序堆放等现象，对环境保护具有明显作用。

3. 社会效益

改善环境，增加职工收入，提高农业的综合效益，促进农业的可持续发展。

参考文献
REFERENCES

陈海涛，柴誉铎，侯守印，等，2019. 原茬地免耕覆秸播种机寒地秸秆腐解特性研究 [J]. 东北农业大学学报，50（9）：79-86.

韩晓增，李娜，2018. 中国东北黑土地研究进展与展望 [J]. 地理科学，38（7）：1032-1041.

韩晓增，邹文秀，2018. 我国东北黑土地保护与肥力提升的成效与建议 [J]. 中国科学院院刊，33（2）：206-212.

韩晓增，邹文秀，陆欣春，等，2015. 旱作土壤耕层及其肥力培育途径 [J]. 土壤与作物，4（4）：145-150.

韩晓增，邹文秀，王凤仙，等，2009. 黑土肥沃耕层构建效应 [J]. 应用生态学报，20（12）：2996-3002.

韩晓增，邹文秀，严君，等，2019. 农田生态学和长期试验示范引领黑土地保护和农业可持续发展 [J]. 中国科学院院刊，34（3）：362-370.

韩晓增，邹文秀，严君，等，2021. 黑龙江省打造黑土地保护利用的"龙江模式" [J]. 中国农村科技（04）：25-27.

何万云，1992. 黑龙江土壤 [M]. 北京：中国农业出版社.

姜宁，王斌，谢永刚，2021. 黑龙江省黑土地质量评价指标体系构建 [J]. 中国农学通报，37（33）：98-104.

李娜，龙静泓，韩晓增，等，2021. 短期翻耕和有机物还田对东北暗棕壤物理性质和玉米产量的影响 [J]. 农业工程学报，37（12）：99-107.

李清，苗淑杰，乔云发，2023. 基于耕作指数评价东北风沙土肥沃耕层构建周期效果 [J]. 中国农学通报，39（05）：109-115.

李志洪，赵兰波，窦森，2005. 土壤学 [M]. 北京：化学工业出版社.

刘亚男，吴克宁，李晓亮，等，2022. 基于黑土地保护目标的省级尺度土地类型划分研究：以黑龙江省为例 [J]. 地理科学，42（08）：1348-1359.

刘子琛，2022. 黑龙江省黑土地利用现状及对策建议 [J]. 农业技术与装备（02）：77-78，81.

马超，2022. 黑龙江省黑土地保护性耕作实施基本情况及问题研究 [J]. 中国农学通报，

38 (17)：143 - 147.

彭显龙，车俊杰，宋聪，等，2022. 确定经济合理施氮量的新方法：基于施氮量与稻米产量效应函数 [J]. 植物营养与肥料学报，28 (07)：1182 - 1193.

彭显龙，车业琦，李鹏飞，等，2021. 氮量对高产水稻品种产量和氮效率的影响 [J]. 东北农业大学学报，52 (07)：1 - 8，55.

彭显龙，匡旭，李鹏飞，等，2021. 协调水稻产量和品质的植株临界氮浓度的确定 [J]. 土壤通报，52 (01)：109 - 116.

彭显龙，王伟，周娜，等，2019. 基于农户施肥和土壤肥力的黑龙江水稻减肥潜力分析 [J]. 中国农业科学，52 (12)：2092 - 2100.

隋跃宇，孟凯，张兴义，2022. 黑土坡耕地治理研究 [J]. 农业系统科学与综合研究 (4)：298 - 299，303.

许开峰，2022. 黑龙江省黑土地保护的对策建议 [J]. 农场经济管理 (10)：13 - 16.

周健民，沈仁芳，2013. 土壤学大辞典 [M]. 北京：科学出版社.

邹文秀，韩晓增，陆欣春，等，2017. 施入不同土层的秸秆腐殖化特征及对玉米产量的影响 [J]. 应用生态学报，28 (2)：563 - 570.

邹文秀，韩晓增，陆欣春，等，2018. 玉米秸秆混合还田深度对土壤有机质及养分含量的影响 [J]. 土壤与作物，7 (2)：139 - 147.

邹文秀，韩晓增，陆欣春，等，2020. 肥沃耕层构建对东北黑土区旱地土壤肥力和玉米产量的影响 [J]. 应用生态学报，31 (12)：4134 - 4146.

邹文秀，韩晓增，陆欣春，等，2020. 秸秆还田后效对玉米氮肥利用率的影响 [J]. 中国农业科学，53 (20)：4237 - 4247.

邹文秀，韩晓增，严君，等，2020. 耕翻和秸秆还田深度对东北黑土物理性质的影响 [J]. 农业工程学报，36 (15)：9 - 18.

邹文秀，陆欣春，韩晓增，等，2016. 耕作深度及秸秆还田对农田黑土土壤供水能力及作物产量的影响 [J]. 土壤与作物，5 (3)：141 - 149.

图书在版编目（CIP）数据

黑土地保护利用 / 黑龙江省农业环境与耕地保护站
组编；马云桥主编. —北京：中国农业出版社，
2023.5
　　ISBN 978-7-109-30678-3

　　Ⅰ.①黑… 　Ⅱ.①黑… ②马… 　Ⅲ.①黑土－土地保
护－研究－东北地区 　Ⅳ.①S157.1

中国国家版本馆 CIP 数据核字（2023）第 080189 号

中国农业出版社出版

地址：北京市朝阳区麦子店街 18 号楼
邮编：100125
责任编辑：王秀田 　　文字编辑：张楚翘
版式设计：王　晨 　责任校对：吴丽婷
印刷：三河市国英印务有限公司
版次：2023 年 5 月第 1 版
印次：2023 年 5 月河北第 1 次印刷
发行：新华书店北京发行所
开本：700mm×1000mm　1/16
印张：14.5
字数：255 千字
定价：88.00 元